花草时光系列

身边的
花草树木图鉴

Flowers and Trees
in Life

赵燕　郭尚敬 ______________ 主编

中国农业出版社
北　京

图书在版编目（CIP）数据

尽芳菲 : 身边的花草树木图鉴 / 赵燕 , 郭尚敬主编
. -- 北京 : 中国农业出版社 , 2023.6
（花草时光系列）
ISBN 978-7-109-30043-9

Ⅰ . ①尽… Ⅱ . ①赵… ②郭… Ⅲ . ①植物－普及读物 Ⅳ . ① Q94-49

中国版本图书馆 CIP 数据核字 (2022) 第 175242 号

尽芳菲 身边的花草树木图鉴 Jinfangfei Shenbian De Huacaoshumu Tujian

中国农业出版社出版
地址：北京市朝阳区麦子店街18号楼
邮编：100125
责任编辑：国 圆
版式设计：刘亚宁 责任校对：吴丽婷 责任印制：王 宏
印刷：北京中科印刷有限公司
版次：2023年6月第1版
印次：2023年6月北京第1次印刷
发行：新华书店北京发行所
开本：880mm×1030mm 1/32
印张：8.5
字数：250千字
定价：68.00元

花草时光系列

尽芳菲
身边的花草树木图鉴

主　编 / 赵　燕　郭尚敬

副主编 / 孙宪磊　苏永亮　徐　倩

参　编 / 宋子叶　刘尚佳　吕　童

摄　影 / 赵久旭　张毅恒

Flowers and Trees
in Life

前言

随着生活水平的提高，人们对生存环境也有了新的要求，希望在充分享受高度现代化文明的同时，又能够拥抱绿色，亲近大自然。因此，了解身边的花草树木成为当今都市生活的时尚追求，满足人们返璞归真、回归自然的心理需求。古人藉花木的自然生态特征，赋予人格意义，咏物言志，寄托情感，从而带来心灵的抚慰和精神的愉悦。身边的植物已深深地融入人类的日常生活和节日习俗中，植物与文化的交融，赋予植物灵魂。

科学素养是青少年综合素质中重要的组成部分，提升青少年科学素养，让科普真正融入青少年的学习与生活，是自然教育的重要部分。在学习查阅大量图书过程中发现，适合相关专业人士参考的书籍比较多，植物特征介绍比较详细全面，但面向大众，趣味性、故事性较强的植物科普书籍相对较少。出于对植物的爱好和专业的使命感，在系统调查了身边植物后，精选了近 200 种常见的花草树木，编写了这本适合大众阅读的植物科普图书。

为便于读者查找，采用人为分类法，将书中所列植物分为观花植物、观果植物、观叶植物及地被植物四部分，每部分又按照植物学分类“科”的音序排列。这四部分的划分，主要按照大部分非专业读者观赏习惯，比如，在乍暖还寒的春季，人们最关注的是五颜六色的花，所以，纵使该类植物的果实富有观赏价值，也把春季开花的植物划为观花植物。摇曳多姿的彩叶给秋季增添了绚烂；寒冷的冬季，瑟瑟北风中的一抹绿，总能唤起人们一丝暖意，因此，将彩叶植物和四季常绿植物划为观叶植物。秋季是丰收的季节，形状各异的果实就成为了最爱，那些果实比较奇特、以观赏果实为主的植物划分为观果植物。铺设于大面积裸露平地或坡地等覆盖地面的多年生草本和低矮丛生植物划为地被植物。

室外植物主要以聊城大学校园植物实景拍摄，可以作为聊城大学校友怀念母校的纪念册；也可以作为社会人士了解聊城大学美丽校园及植物文化的一个窗口。为厚植传统文化，搜集整理了包括植物传说、与植物有关的诗词、花语等植物文化，使植物有了灵魂，成为有故事的生物，增强了阅读趣味性。

在本书编写过程中，受到领导和同事们的鼓励和帮助。本书出版得到聊城大学教育发展基金会基金和山东省一流专业（园林专业）建设经费（311141905）资助，在此表示感谢。

由于水平所限，疏漏在所难免，敬请读者批评指正。

编　者

2023 年 1 月 20 日

本书使用说明

中文名称
学名
科属名称
紫荆
Cercis chinensis Bge
豆科紫荆属
花语 亲情、兄弟和睦。
花期 3－4月 果期 8－10月
花语
花期、果期
三荆欢同株，四鸟悲异林。
乐会良自古，悼别岂独今。
——西晋 陆机
植物文化
植物学特征
植物学特征
从生或单生灌木。树皮和小枝灰白色。单叶互生。花冠紫红色，簇生于老枝和主干上，上部幼嫩枝条花较少。荚果。
园林应用
园林应用
先叶开花，花形似蝶，满树嫣红；叶色浓绿光亮，叶形奇特，是良好的观花、观叶树种。适合栽在庭院、草坪、岩石及建筑物前，用于小区的园林绿化，具有较好的观赏效果。
尽芳菲
12
身边的花草树木图鉴
Flowers and Trees in Life

植物学特征
园林应用
知识拓展
近似种识别
植物学特征
园林应用
知识拓展
近似种识别

基本知识

植物一般由根、茎、叶、花、果和种子
六部分组成，
其中叶、花、果
是植物的三个重要鉴别器官。
为了方便读者识别和欣赏植物，
这里先简要介绍一些叶、花、果的
基本知识。

叶

叶的组成 叶一般由叶片、叶柄和托叶组成。

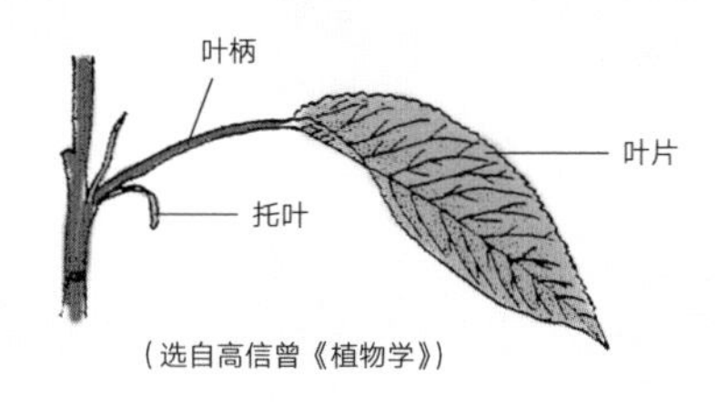

（选自高信曾《植物学》）

叶形 是指叶片的形状。常见叶形如下：

（选自陆时万《植物学》）

叶缘 指叶片边缘的形状。常见叶缘类型如下：

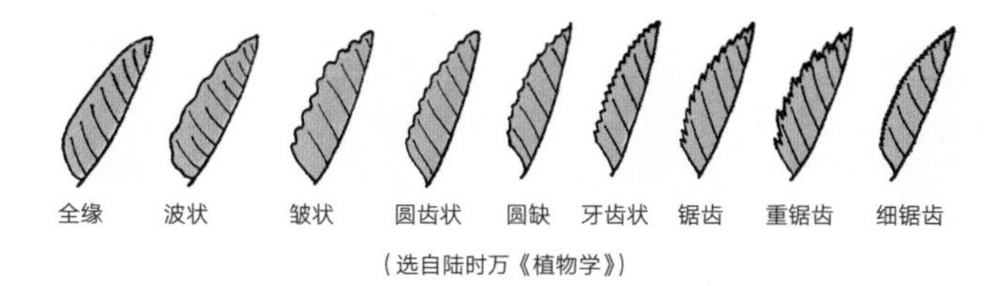

（选自陆时万《植物学》）

叶序 指叶片在茎枝上的排列方式。常见叶序类型如下：

（选自陆时万《植物学》）

复叶 一个叶柄上有两个或两个以上叶片的称复叶。常见复叶类型如下：

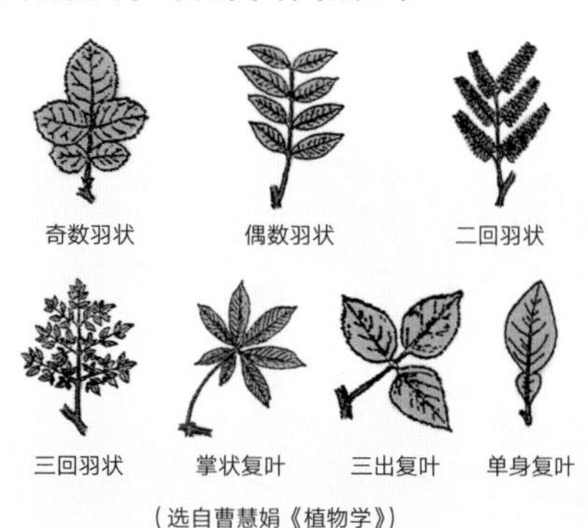

（选自曹慧娟《植物学》）

花

花的组成

花一般由花柄、花托、花被（花萼、花冠）、雄蕊群和雌蕊群组成。

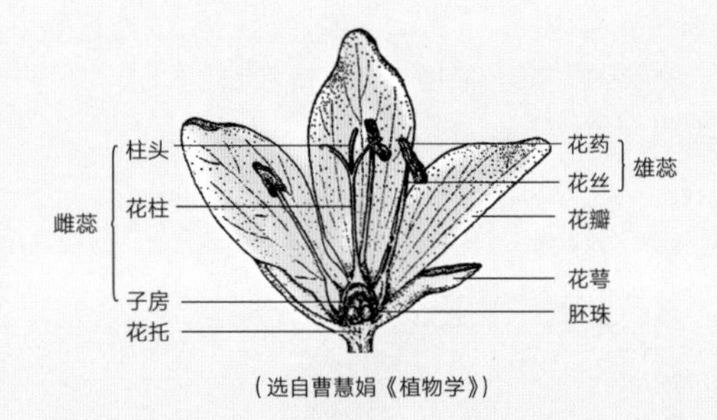

（选自曹慧娟《植物学》）

花冠 是由一朵花中的若干枚花瓣组成。常见花冠类型如下：

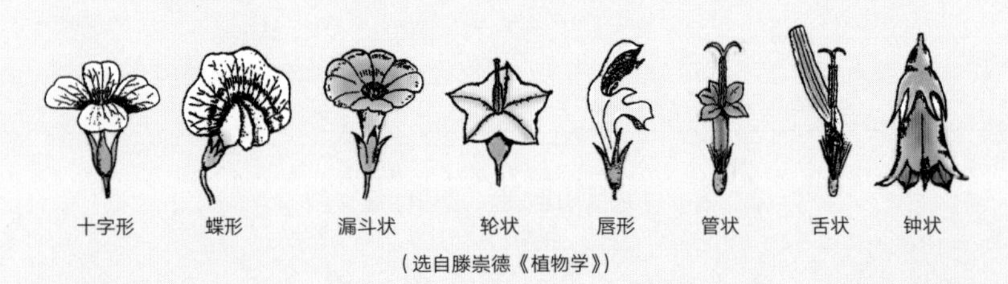

（选自滕崇德《植物学》）

花序 指花在花轴上的序列或排列。花序上没有典型的营养叶，只有简单的小苞片。花序因分枝方式和花朵排列方式不同，可分为无限花序（总状花序、头状花序、伞房花序等）和有限花序（聚伞花序等）。

果

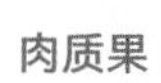

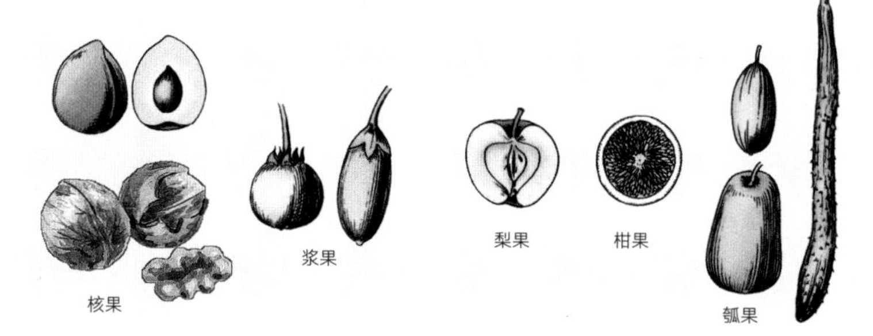

干果

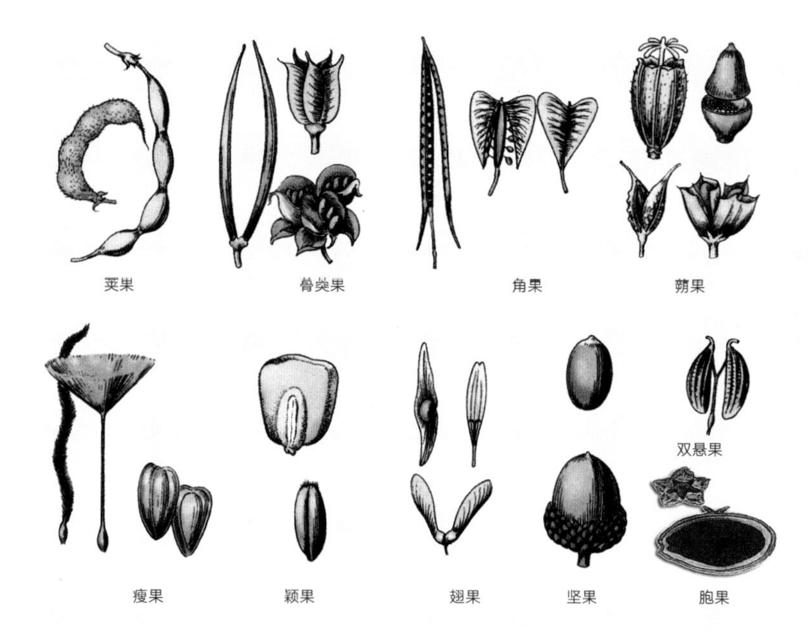

聚合果
聚花果

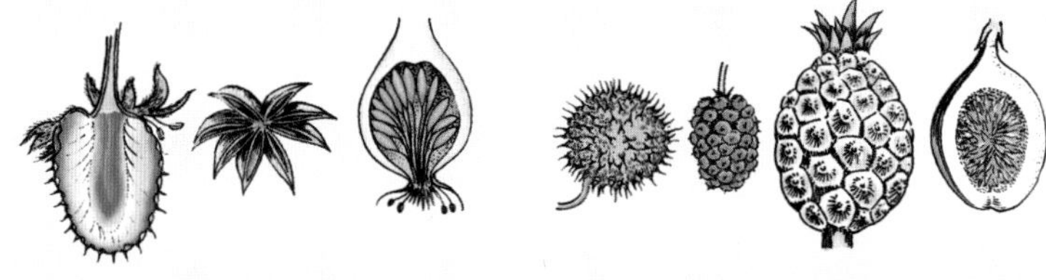

花草时光系列

尽芳菲
身边的花草树木图鉴

Flowers and Trees
in Life

目录 Contents

PART 1
观花植物

PART 2 观果植物

PART 3
观叶植物

PART 4
地被植物

PART 1
观花植物

花草时光系列

尽芳菲
身边的花草树木图鉴

Flowers and Trees
in Life

鹤望兰

Strelitzia reginae Aiton

芭蕉科鹤望兰属

花语 无论何时何地，永远不要忘记你爱的人在等你。飞向天堂的鸟，能把各种情感、思念带到天堂。

花期 6～7月 / **果期** 7～10月

植物学特征

多年生草本，无茎。叶片长圆状披针形。花数朵生于约与叶柄等长或略短的总花梗上，下托一佛焰苞；佛焰苞舟状，边紫红，萼片披针形，橙黄色，箭头状花瓣基部具耳状裂片，和萼片近等长，暗蓝色；雄蕊与花瓣等长。

园林应用

叶大姿美，四季常青，花形奇特，成型植株一次能开花数十朵，是一种著名的大型盆栽观赏花卉。适合作大房间摆设。在南方暖地可丛植于庭院一角或点缀于花坛中心。花为高级切花材料，瓶插保鲜期可达 2 ～ 3 周。

知识拓展

传说落樱是伊甸园的守护仙女，生活在天堂无忧无虑。也许是整天守在伊甸园厌倦了，于是她没有经过大天使的同意就来到了人间，当时人间还不完整。她喜欢上一个凡人，后来被大天使发现，被带回了天堂，锁进天牢。她日思夜想着爱人，想化成一只鸟，飞出天牢，飞到凡间心爱的人身边。她日夜祈祷，终于在一个满月之夜变成了一只鸟飞了出去，可她心爱的人却因思念她而逝去了。她停在心爱人的坟前，落在花间，不住地鸣叫，不停地哭泣，日久天长，便化成了一朵花，翘首向前看着，那么专注地看着，好像是在看着她心爱的人。

百合

花语 纯洁、威严、洁白、自尊心。

Lilium brownii var. *viridulum* Baker
百合科百合属

花期 6～7月 / **果期** 7～10月

接叶有多种，开花无异色。
含露或低垂，从风时偃抑。
——南北朝 萧詧

植物学特征 多年生草本球根植物。鳞茎球形，淡白色，先端常开放如莲座状，由多数肉质肥厚、卵匙形的鳞片聚合而成。茎直立，圆柱形。花大，多白色，漏斗形，单生于茎顶。蒴果长卵圆形，具钝棱。

园林应用 在城市广场、休闲绿地，将百合成片点缀于草地边缘或组成花境，显得别致优雅，宁静和谐。在居住区与庭院绿化中，选择坡地、台阶、角隅或山石小品，构筑成为具有陡坡的结构，栽植悬垂植物从高处垂下，下植百合，可形成具有古典意境的庭院小景。百合花姿雅致，叶片青翠娟秀，茎秆亭亭玉立，还是名贵的切花新秀。

欧洲报春花

Primula vulgaris
报春花科报春花属

花语 初恋、希望、不悔。适合送给朋友、恋人、情人。

花期 播种后 3 ~ 4 个月

植物学特征

多年生草本，常作一二年生栽培。丛生，叶基生，长椭圆形，叶脉深凹。伞状花序，有单瓣或重瓣花型，花色鲜艳，有大红、粉红、紫、蓝、黄、橙、白等色，一般喉部多为黄色。

园林应用

原产欧洲，中国有引种栽培。喜温凉、湿润的环境，不耐高温和强光直射，也不耐严寒。喜排水良好、富含腐殖质的土壤。花色艳丽，花期长，适用于室内布置色块或早春花坛。

报春花

花语　青春的快乐和悲伤，不悔。

Primula malacoides Franch

报春花科报春花属

花期 2～5月 / 果期 3～6月

嫩黄老碧已多时，騃紫痴红略万枝。
始有报春三两朵，春深犹自不曾知。
——南宋　杨万里

二年生草本。叶多数簇生，叶片卵形、椭圆形或矩圆形，边缘具圆齿状浅裂。伞形花序，花萼钟状，花冠粉红色、淡蓝紫色或近白色。蒴果球形。

报春花为春季开花较早的草本植物，适合在城市公园、游园、城市广场、街头绿地等处作早春花坛布置，寓意万物复苏、欣欣向荣的场面。报春花作为三大举世闻名的高山野生花卉之一，用在花境中，更能体现花境对自然野趣的模拟与再现，也可与其他草本花卉配植成花丛、花群等。

爆仗竹

花语 好日子红红火火。

Russelia equisetiformis
车前科爆仗竹属

花期 3 ~ 5 月

植物学特征

多年生常绿草本植物。小叶对生或轮生，除个别的叶片呈卵圆形外，大部分叶子都退化成小鳞片。圆锥状聚伞花序，花萼淡绿色，花冠长筒形，红色。

园林应用

鲜红色花朵盛开于纤细的枝条上，看上去就像一个个点火即燃的爆竹，给人以喜庆热烈之感。可制作盆栽装饰阳台、庭院、室内，也可吊盆栽植，悬挂于廊下、窗前等处观赏。

知识拓展

爆竹花，一串串的橙红色花朵，就像鞭炮一样，而且橙红的颜色，就像火焰一样，所以又叫炮仗花。由于爆竹花的花期在春季，正好是我国的新春佳节，在这个特殊的日子里，繁盛的花朵给美好的节日带来了更多的喜庆气氛。

一串红

Salvia splendens Ker-Gawler

唇形科鼠尾草属

花语 一串红代表恋爱的心，适合送给朋友、家人、情人；一串白代表精力充沛；一串紫代表智慧。

花期 7 ~ 10月 / **果期** 8 ~ 10月

长春如稚女，飘摇倚轻飔。卵酒晕玉颊，红绡卷长衣。

——宋 苏轼

亚灌木状草本。叶卵圆形或三角状卵圆形，边缘具锯齿。小花2～6朵轮生，组成顶生总状花序，苞片卵圆形，红色，在花开前包裹着花蕾，先端尾状渐尖；花萼钟形，与花冠同色。

一串红常用红花品种，秋高气爽之际，花朵繁密，色彩艳丽。常用作花丛花坛的主体材料。也可植于带状花坛或自然式配植于林缘，常与浅黄色美人蕉、矮万寿菊、翠菊、矮霍香蓟等配合布置。一串红矮生品种更宜用于花坛，白花品种与红花品种配合栽植观赏效果较好。

虎刺梅

花语　倔强而坚贞，温柔而忠诚，勇猛而不失儒雅。

Euphorbia milii var. *splendens*
大戟科大戟属

花期 6 ~ 7月 / **果期** 7 ~ 10月

植物学特征

蔓生灌木植物。茎多分枝，具纵棱，密生硬而尖的锥状刺，常呈 3～5 列排列于棱脊上，呈旋转状。叶互生，通常集中于嫩枝上，倒卵形或长圆状匙形，先端圆，具小尖头，基部渐狭，全缘。花序 2、 4 或 8 个组成二歧状复花序，生于枝上部叶腋；苞叶 2 枚，肾圆形，上面鲜红色，下面淡红色，紧贴花序；总苞钟状，边缘 5 裂。 蒴果三棱状卵形。

园林应用

栽培容易，花期长，红色苞片，鲜艳夺目，是深受欢迎的盆栽植物。由于幼茎柔软，常用来绑扎孔雀等造型，成为宾馆、商场等公共场所摆设的佳品。在我国南北方均有栽培，常见于公园、植物园和庭院中。

聊红槐

Sophora japonica 'LiaoHong'
豆科槐属

花期 7 ~ 8 月

植物学特征

花冠旗瓣为浅粉红色，沿中轴中下部有 2 条黄色斑块，翼瓣与龙骨瓣紫色，沿中轴中下部呈浅黄白色。花期约 50 天，较国槐原种早开花 7 天左右。

园林应用

常用于廊道绿化、公园与风景点绿化、居住区绿化、寺庙绿化、工业园绿化、盐碱地及干旱地绿化改造。

紫荆

花语 亲情、兄弟和睦。

Cercis chinensis Bge
豆科紫荆属

花期 3～4月 / **果期** 8～10月

从生或单生灌木。树皮和小枝灰白色。单叶互生。花冠紫红色，簇生于老枝和主干上，上部幼嫩枝条花较少。荚果。

先叶开花，花形似蝶，满树嫣红；叶色浓绿光亮，叶形奇特，是良好的观花、观叶树种。适合栽在庭院、草坪、岩石及建筑物前，用于小区的园林绿化，具有较好的观赏效果。

知识拓展

香港区花为洋紫荆（*Bauhinia blakeana* Dunn），属豆科羊蹄甲属，别名红花紫荆、香港樱花、香港紫荆花。在 1965 年首次被选定为香港的市花。1997 年 7 月 1 日，香港回归中国主权而成立香港特别行政区，洋紫荆被用于特区区徽。常绿乔木，深秋开花，花大而艳，花期 11 月至翌年 3 月。

［传说］传说南朝时，京兆尹田真与兄弟田庆、田广三人分家，当别的财产都已分置妥当时，最后才发现院子里还有一株枝叶扶疏、花团锦簇的紫荆树不好处理。当晚，兄弟三人商量将这株紫荆树截为三段，每人分一段。第二天清早，兄弟三人前去砍树时发现，这棵树枝叶已全部枯萎，花朵也全部凋落。田真见此状不禁对两个兄弟感叹道："人不如木也。"后来，兄弟三人又把家合起来，并和睦相处。紫荆树好像颇通人性，也随之又恢复了生机，且长得花繁叶茂。

红花刺槐

花语　隐秘的爱，隐居的美人。

Robinia pseudoacacia f. *decaisneana* (Carr.) Voss

豆科刺槐属

花期 4 ~ 5月 / 果期 9 ~ 10月

落叶乔木，为刺槐的变型。干皮深纵裂，枝具托叶刺。羽状复叶互生，叶片卵形或长圆形，先端圆或微凹，具芒尖，基部圆形。花两性，总状花序下垂，花冠粉红色，芳香。果条状长圆形，腹缝有窄翅。

树冠圆满，叶色鲜绿，花朵大而鲜艳，浓香四溢，素雅而芳香，在园林绿地中广泛应用，可作为行道树、庭荫树。适应性强，对二氧化硫、氯气、光化学烟雾等的抗性都较强，可作为防护林树种。

红花刺槐	江南槐
新梢无毛。生长快速，树形高耸，是高大乔木	新枝上有密集红褐色刚毛。原本是丛生大灌木，经嫁接在刺槐上，虽成乔木状，但生长速度明显不及红花刺槐

杜鹃

花语　永远属于你，节制欲望。

Rhododendron simsii Planch.

杜鹃花科杜鹃花属

花期 4～5月 / **果期** 6～8月

叶革质，常集生枝端，卵形，先端短渐尖，基部楔形或宽楔形，边缘微卷。花2～6朵簇生枝顶；花冠阔漏斗形，玫瑰色、鲜红色或暗红色，花萼宿存。蒴果卵球形，密被糙伏毛。

杜鹃花是室内摆花的好材料。可做盆景栽培，也适合成片种植，园林中常设杜鹃专类园。

知识拓展

传说，杜鹃花是由蜀国的皇帝杜宇变化而成。当时，蜀国是一个和平、富饶的国家，但这种无忧无虑的生活导致人们懒惰成性，只顾享乐，无心农作，甚至连该播种了都不知道。

蜀国当时的皇帝叫杜宇，他勤政爱民，非常有责任心。他看到这种情况，非常忧心。为了不耽误农种，每年春播时节，他都会四处奔走，催促人们播种。可是渐渐地，人们就养成了一个习惯，就是杜宇不来，就不会播种。

后来，杜宇积劳成疾而死，可是他在死后还是对自己的百姓难以忘怀，于是他的灵魂化成一只小鸟，每年春天四处飞翔并发出“布谷、布谷”的啼叫声，直到嘴里流出鲜血。鲜血洒在漫山遍野，化成美丽的花朵。

人们感念勤勉的君王，就向杜宇学习，变得勤勉又负责。他们把那只小鸟叫作杜鹃鸟，而那如血般鲜红的花朵就叫作杜鹃花。

西洋杜鹃

花语 永远属于你，代表着爱的喜悦。

Rhododendron hybrida Ker Gawl.
杜鹃花科杜鹃属

花期 全年多次开花

植物学特征

常绿灌木。根系木质纤细。植株低矮，枝干紧密。叶互生，纸质，厚实，叶片集生于枝端，表面有淡黄色伏贴毛，背面淡绿色。顶生总状花序，簇生花色艳丽多样。蒴果。

园林应用

花色较多，且十分艳丽，因此在庭院、巷道、园林绿化项目中较为常见。其中，贵州省“百里西洋杜鹃”风景区是著名的游览胜地。此外，西洋杜鹃也多作盆栽，还可制作各种风格的树桩盆景，显得古朴雅致，更具风情。

莺歌凤梨

Vriesea carinata
凤梨科丽穗凤梨属

花语 保持完美，可通过赠送此花表达对一个人的赞美与钦佩。

花期 冬春

常绿多年生草本植物，附生性小型凤梨。叶簇生，线形，薄肉质，叶面平滑富有光泽。叶色鲜绿，叶丛中央抽出花梗。复穗状花序有多个分枝，苞片扁平叠生，状如莺歌鸟冠，艳红色。花小，黄色。观赏期长达 1 个月左右。

花茎笔直细长，苞片鲜艳，红黄两色华丽夺目，玲珑可爱，并能很好地净化室内空气，常布置于书桌、茶几、花架上，也是高档插花材料，深受人们欢迎。

彩苞凤梨

花语 完美无缺。

Vriesea poelmanii

凤梨科丽穗凤梨属

花期 冬春

植物学特征

多年生常绿草本，中型种。叶丛紧密抱成漏斗状，叶较薄，亮绿色，具光泽，叶缘光滑无刺。花茎从叶丛中心抽出，复穗状花序，具多个分枝；苞叶鲜红色，小花黄色。

园林应用

彩苞凤梨为观苞片的观赏植物，亭亭玉立的花穗十分艳丽，花很小，在苞片中间，苞片鲜红，开黄色小花，花苞可保持 3 个月，观赏价值高。盆栽适合装饰布置家庭、宾馆和办公楼。

白雪公主凤梨

花语 吉祥、高贵、如意。

Guzmania ‘EI Cope’
凤梨科星花凤梨属

花期 冬春

多年生草本植物。叶为镰刀状，上半部向下倾斜，以5～8片排列成管形的莲座状叶丛，基生，硬革质。苞片较长，带状，尖端白色；花小，黄色。

观赏性很强的观花观叶植物，尤其于室内养护，作为家庭园艺观赏时品位很高。喜欢半遮阴和通风良好的环境，不要让它受阳光直射。为防止叶片干枯，日常护理时，应用清水喷洒叶面保湿，最好是每周喷施叶面肥一次，既能为叶片提供营养、增加叶面光泽，冬季还能达到抵抗低温的目的。

尽芳菲

红星凤梨

花语　完美，吉祥高贵。

Guzmania × magnifica
凤梨科果子蔓属

花期　冬春

植物学特征

叶莲座状基生，硬革质，带状外曲；叶色有的具深绿色的横纹，有的叶褐色具绿色的水花纹样，也有的绿叶具深绿色斑点等。特别临近花期，中心部分叶片变成光亮的深红色、粉色，或全叶深红，或仅前端红色。叶缘具细锐齿，叶端有刺。花多为天蓝色或淡紫红色。叶穗状花序短粗，苞片鲜红色，长宽披针形。

园林应用

叶片翠绿光亮，深红色管状苞片，色彩艳丽持久，观赏期长。红星凤梨一般做盆栽点缀窗台、阳台和客厅，此外还可装饰小庭院和入口处，常作为大型插花和花展的装饰材料。

铁兰

花语 坚强、完美。

Tillandsia cyanea Linden ex K. Koch

凤梨科铁兰属

花期 冬春

体型矮小。叶片是拱状的细窄线形，先端尖、全缘，群簇叠生于短缩茎上。植株长大后，由叶丛中抽穗开花，花茎直出或略斜立，但无分枝，短穗状花序大；小花深紫红色，喇叭状，卵形花瓣 3 片，形状似蝴蝶。

作为盆栽放置在室内具有很高的装饰价值。可以摆放在阳台、窗台和书桌上，也可以作为陪衬性的材料悬挂在客厅里，或者可以将其作为插花艺术品，这些都可以充分展现铁兰美丽的形态，为家里增添一道风景线。

绣球

花语　在英国，此花被喻为无情、残忍。在中国，此花被喻为希望、健康、有耐力的爱情、骄傲、美满、团圆。

Hydrangea macrophylla (Thunb.) Ser.

虎耳草科绣球属

花期 6~8 月

月桂闹装红欲滴，绣球圆簇白如霜。
我无艳眼相酬答，付与庭花自在黄。
——宋 钱时

茎常于基部发出多束放射枝而形成一圆形灌丛，枝圆柱形。叶纸质或近革质，倒卵形或阔椭圆形。伞房状聚伞花序近球形，花密集，粉红色、淡蓝色或白色，花瓣长圆形。蒴果，长陀螺状。

花大，色美，是长江流域著名观赏植物。园林中可配置于稀疏的树荫下及林荫道旁，片植于阴向山坡。因对阳光要求不高，故适合栽植于阳光较差的小面积庭院中。建筑物入口处对植两株、沿建筑物列植一排、丛植于庭院一角，都很理想。更适合在花篱、花境中应用。

香茶藨子

Ribes odoratum Wendl.
虎耳草科茶藨子属

花期 5月 / 果期 7～8月

植物学特征

落叶灌木。小枝圆柱形，灰褐色，具短柔毛。叶圆状肾形至倒卵圆形，掌状3～5深裂，幼时两面均具短柔毛，成长时柔毛渐脱落，至老时近无毛。花两性，芳香，总状花序常下垂，花萼黄色，花瓣近匙形或近宽倒卵形，先端圆钝而浅缺刻状，浅红色，无毛，花柱柱头绿色。果实球形或宽椭圆形，熟时黑色，无毛。

园林应用

花色鲜艳，开花时一片金黄，香气四溢，是良好的园林观赏花木品种。适合丛植于草坪、林缘、坡地、角隅、岩石旁，也可作花篱栽植。

近似种识别

香茶藨子	东北茶藨子	刺果茶藨子
花黄色，芳香	总状花序，花黄色	单生或总状花序，花浅褐色至红褐色
枝条无刺	枝条无刺	枝条有刺
果黑色，无刺	果红色，无刺	果暗红色，有刺

三色堇

Viola tricolor L.

堇菜科堇菜属

花语　白日梦、思慕、沉思、快乐和请思念我，适合送给朋友或喜欢的人。

花期 4～7月 / **果期** 5～8月

二年或多年生草本植物。地上茎较粗，直立或稍倾斜，有棱。基生叶长卵形或披针形，具长柄；茎生叶卵形或长圆状披针形，托叶大型，叶状，羽状深裂。花大，通常每花有紫、白、黄三色。

在庭院布置中常地栽于花坛上，可作毛毡花坛、花丛花坛，成片、成线、成圆镶边栽植都很相宜。还适合布置花境、草坪边缘；不同品种与其他花卉配合栽种能形成独特的早春景观；另外也可盆栽布置阳台、窗台、台阶，点缀居室、书房、客堂也颇具新意，饶有雅趣。

木槿

Hibiscus syriacus Linn.

锦葵科木槿属

花语 坚韧，永恒美丽，象征着历尽磨难而矢志弥坚的性格。

花期 7 ~ 10月 / **果期** 8 ~ 9月

落叶灌木。小枝密被黄色星状茸毛。叶菱形至三角状卵形，具深浅不同的3裂或不裂，具有明显的三条主脉，边缘具不整齐齿缺。花单生于枝端叶腋间，花萼钟形，花钟形，色彩有纯白、淡粉红、淡紫、紫红等，化形呈钟状，有单瓣、复瓣、重瓣几种，花瓣倒卵形。蒴果卵圆形，密被黄色星状茸毛。种子肾形，成熟种子黑褐色，背部被黄白色长柔毛。

木槿是夏、秋季的重要观花灌木，南方多作花篱、绿篱；北方作为庭院点缀及室内盆栽。对二氧化硫与氯化物等有害气体具有很强的抗性，同时还具有很强的滞尘功能，是有污染工厂的主要绿化树种。

朱槿

Hibiscus rosa-sinensis

锦葵科木槿属

花语 纤细美、体贴之美、永保清新之美。新鲜的恋情，微妙的美。

花期 全年，7 ~ 10 月最盛

瘴烟长暖无霜雪，槿艳繁花满树红。
每叹芳菲四时厌，不知开落有春风。
——唐 李绅

常绿大灌木或小乔木。叶互生，阔卵形至狭卵形，具 3 主脉，叶缘有粗锯齿或缺刻，形似桑叶。花大，有下垂或直上之柄，单生于上部叶腋间，有单瓣、重瓣之分，单瓣者漏斗形，重瓣者非漏斗形，呈红、黄、粉、白等色。

在古代就是一种受欢迎的观赏性植物，花大色艳，四季常开，主要用于园林观赏。盆栽朱槿适用于客厅和入口处摆设。

朱槿为广西南宁市市花，12 瓣花瓣喻意广西 12 个少数民族团结在一起。

马来西亚称呼朱槿为“班加拉亚”，意为“大红花”，把朱槿当作马来民族热情和爽朗的象征，比喻烈火般热爱祖国的激情。据说土著女郎把朱槿花插在左耳上方表示“我希望有爱人”，插在右耳上方表示“我已经有爱人了”。

大丽花

花语 大吉大利。

Dahlia pinnata Cav.
菊科大丽花属

花期 6 ~ 12月 / **果期** 9 ~ 10月

植物学特征

多年生草本，有巨大棒状块根。茎直立，多分枝。叶一至三回羽状全裂。头状花序大，有长花序梗，常下垂；舌状花1层，白色、红色或紫色，常卵形，顶端有不明显的3齿或全缘。瘦果长圆形，黑色。

园林应用

大丽花是世界名花之一，植株粗壮，叶片肥满，花姿多变，花色艳丽，花坛、花境或庭前丛栽皆可，矮生品种盆栽可用于室内及会场布置。高秆品种可用作切花。花朵亦是花篮、花圈、花束的理想材料。

知识拓展

大丽花是墨西哥的国花，美国西雅图的市花；我国吉林省的省花，河北张家口市、甘肃武威市和内蒙古赤峰市的市花。

大花蕙兰

花语 高贵雍容，丰盛祥和。

Cymbidium canaliculatum

兰科兰属

花期 12月至翌年3月

船头昨夜雨如丝，沃我盆中兰蕙枝。繁蕊争开修禊日，游人正是到家时。

——明 吴嘉纪

植物学特征

多年生常绿草本植物。根系发达，圆柱状，肉质，粗壮肥大。假鳞茎粗壮，合轴性；假鳞茎有节，节上有隐芽。叶丛生，叶片带状，革质。花序较长，花被片花瓣状；花大型，花色有红、黄、翠绿、白、复色等色。果实为蒴果。

园林应用

具有较高的观赏价值，有艳丽的花朵、修长的剑叶，花型整齐且质地坚挺，经久不凋，是人们喜爱的观赏植物。植株和花朵分为大型和中小型，有黄、白、绿、红、粉红及复色等多种颜色，色彩鲜艳、异彩纷呈。

蝴蝶兰

花语 象征幸福、长久、丰盛之意。

Phalaenopsis amabilis
兰科蝴蝶兰属

花期 4～6月

植物学特征

茎很短，常被叶鞘所包。叶片稍肉质，常3～4枚或更多，椭圆形、长圆形或镰刀状长圆形。花序侧生于茎的基部，花序柄绿色，常具数朵由基部向顶端逐朵开放的花；花苞片卵状三角形，纤细，常见颜色有粉红、紫红、橘红、红、白、紫蓝等，并有斑纹、线条变化。蝴蝶兰因花朵姿态神似蝴蝶翩翩飞舞而得名，花朵数多而花期长，所以也有“兰花之后”的美誉。

园林应用

花朵艳丽娇俏，颜色丰富明快，赏花期长，花朵数多，能吸收室内有害气体，既能净化空气又可观赏，摆放在客厅、饭厅和书房；在春节、新年等节日可用于馈赠，或摆在较为正式的场合。

知识拓展

各种花色的蝴蝶兰也有不同的含义

白蝴蝶兰：爱情纯洁，友谊珍贵；
红心蝴蝶兰：红运当头，永结同心；
紫蝴蝶兰：仕途顺畅，幸福美满；
条点蝴蝶兰：事事顺心，心想事成；
黄蝴蝶兰：事业发达，生意兴隆；
迷你蝴蝶兰：快乐天使，风华正茂。

卡特兰

Cattleya hybrida
兰科卡特兰属

花语 颜色时而热情，时而奔放，妖娆中带着对感情的真挚祝福，经常在男性对女性表达爱意的场合中出现。

花期 一年四季都有开花的种类

植物学特征

卡特兰栽培上有单叶和双叶之分，前者假鳞茎上只有1片叶子，叶和花较大，通常每个花梗开花1～3朵；后者每个假鳞茎上有2片或2片以上叶子，叶和花较小，花数量较多。假鳞呈棍棒状或圆柱状，具1～3片革质厚叶，是贮存水分和养分的组织。花单朵或数朵，着生于假鳞茎顶端，花大而美丽，色泽鲜艳而丰富。

园林应用

卡特兰是观赏兰花种类之一，素有“洋兰之王”等美称。根据花朵颜色分为单色花和复色花两大类，也可根据花型的大小分成大、中、小、微型四大类。常做成盆栽花卉，可置于窗台、案头、书桌等处观赏，亦可作为切花，同样是珍贵的年宵花卉，具有较高的商业价值。

知识拓展

据资料记载，在1818年，卡特兰从巴西传到英国，那时的英国人用卡特兰的茎作为捆扎材料。后来，英国园艺学家威廉·卡特里将卡特兰的茎栽培起来，并于1824年开花。当植物学家林德雷看到了卡特兰的美丽花朵后，认为这是兰科植物的新种，于是用卡特兰的名字命名了这朵美丽的花。

兜兰

花语 美人、勤俭节约。

Paphio pedilum
兰科兜兰属

花期 一年四季均有开花的种类

植物学特征

多年生草本。茎甚短。叶片带形或长圆状披针形，绿色或带有红褐色斑纹。花十分奇特，唇瓣呈口袋形；背萼极发达，有各种艳丽的花纹；两片侧萼合生在一起；花瓣较厚，花寿命长，有的可开放 6 周以上。

园林应用

多数为地生种，杂交品种较多，是栽培最普及的洋兰之一。适于盆栽放置在室内观赏。

荷花

Nelumbo nucifera
莲科莲属

花语 清白、坚贞、纯洁、信仰、忠贞和爱情。

花期 6～9月 / **果期** 9～10月

毕竟西湖六月中，风光不与四时同。
接天莲叶无穷碧，映日荷花别样红。
——南宋 杨万里

宿根挺水型水生花卉。具横走肥大地下茎（藕），藕与叶柄、花梗均具许多大小不一的孔道，且具黏液状的木质纤维（藕丝）。藕有节，节上生有不定根，并抽叶开花。叶大，圆形，全缘，具辐射状叶脉。花单生，两性，单瓣或复瓣，有深红、粉红、白、淡绿等色及间色。花谢后花托膨大（莲蓬），果实（莲子）初青绿色，熟时深蓝色。

在山水园林中作为主题水景植物，用荷花布置水景在中国园林中极为普遍。常作荷花专类园，中国荷花专类园有三种：一是像武汉东湖磨山的园林植物园，园中开辟一处以观赏、研究荷花为主的大型水生花卉区；二是像南京莫愁湖、杭州新“曲院风荷”这类以荷花欣赏为主的大型公园；三是以野趣为主、旅游结合生产的荷花民俗旅游资源景区，如广东三水的荷花世界、湖南岳阳的团湖风景区。

知识拓展

自北宋周敦颐写了“出淤泥而不染，濯清涟而不妖”的名句后，荷花便成为“君子之花”。据史书记载，远在 2 500 多年前，吴王夫差曾在太湖之滨的灵岩山离宫（今江苏吴县）为宠妃西施欣赏荷花，特地修筑“玩花池”，移种野生红莲。这是人工砌池栽荷的最早实录，至今南北各地的莲塘也非常多。湖南就是中国最大的荷花生产基地。每逢仲夏，采莲的男女泛着一叶轻舟，穿梭于荷丛之中，那种“乱入池中看不见，闻歌始觉有人来”的情景多么美妙。至于旅游赏荷的去处就更多了，诸如济南大明湖、杭州西湖、肇庆七星岩等地均可看到连片荷花的芳容。

楝

Melia azedarach

楝科楝属

花期 4 ~ 5月 / 果期 10 ~ 12月

> 绿树菲菲紫白香，犹堪缠黍子沉湘。
> 江南四月无风信，青草前头蝶思狂。
> ——宋 张蕴

又名苦楝、川楝、金铃子等。落叶乔木。叶为二至三回奇数羽状复叶，小叶对生。圆锥花序约与叶等长，花芳香，花瓣淡紫色，雄蕊管紫色。核果，球形至椭圆形。

树形优美，叶形秀丽，宜作庭荫树及行道树。该树能耐烟尘及抗二氧化硫、氟化氢等有毒有害气体，是良好的城市及工矿区绿化树种；还是杀虫能手，可防治 12 种严重的农业害虫，被称为无污染的植物杀虫剂。宜在草坪孤植或丛植，也可配植于池边、路旁、坡地。

知识拓展

相传，明太祖朱元璋还未登基为天子时，落难躲在苦楝树下休息，熟透了的苦楝果子一颗颗不断掉落下来，刚巧打到这位未来天子的头上，朱元璋被打痛了，生气地对苦楝树骂道：“你这坏心的树，会烂心死过年。”后来朱元璋逆袭，当上了皇帝，想起了那棵欺负过他的苦楝树，派人前去查看，果然主干已空心，应验了当年的烂心骂。而后世人对它更是贬抑，因为它名字的谐音成了“苦苓”，与闽南语的“可怜”又是同音。人们认为苦楝全身都是味辛苦涩，唯恐被它拖累也成“苦味一族”，都想避之则吉，因此许多人家的宅院不但不种植苦楝，甚至除之而后快。

米兰

Aglaia odorata
楝科米兰属

花语 隐约之美，有爱，生命就会开花。象征勇敢与激情。

花期 夏秋

常绿灌木或小乔木。分枝多而密，嫩枝常被星状锈色鳞片。奇数羽状复叶，互生，小叶 3 ～ 5 枚，倒卵形至长椭圆形。圆锥花序腋生，花黄色，形似小米，芳香。浆果，卵形或近球形。

树姿秀丽，枝叶茂密，花清雅芳香，是颇受欢迎的花木，宜做成盆栽布置客厅、书房、门廊及阳台等。暖地也可在公园、庭院中栽植。花可药用。

倒挂金钟

花语 相信爱情、热烈的心。

Fuchsia hybrid
柳叶菜科倒挂金钟属

花期 4～10月 / **果期** 11月

植物学特征

半灌木。茎直立，多分枝，被短柔毛与腺毛。叶对生，卵形或狭卵形，托叶狭卵形至钻形，早落。花两性，单生叶腋，下垂；花梗纤细，淡绿色或带红色；花管红色，筒状，上部较大，连同花梗疏被短柔毛与腺毛；萼片4片，红色；花瓣色多变，紫红色、红色、粉红、白色，排成覆瓦状；花丝红色，花药紫红色，花粉粉红色。果紫红色，倒卵状长圆形。

园林应用

花形奇特，极为雅致。盆栽用于装饰阳台、窗台、书房等，也可吊挂于防盗网、廊架等处观赏。

知识拓展

传说有个小精灵想找事情做，女神赫拉就让她去看管赫拉和宙斯的黄金苹果树。黄金苹果树本来是怪兽拉盾看管的，现在由小精灵来接管。

小精灵只要敲响苹果树旁的铃铛，拉盾就会来帮助小精灵赶走偷黄金苹果的坏蛋。有一次，小精灵在练习敲铃铛，拉盾来了，小精灵说：“拉盾，对不起，我是在练习。”

又有一次，拉盾又飞过来了，小精灵说：“对不起，拉盾，我还是在练习。”最后一次，有两个坏蛋来偷黄金苹果，小精灵冒着生命危险，敲了两下铃铛，拉盾以为小精灵在练习就没有来。两个坏蛋把小精灵打倒在地，小精灵快死了，眼泪滴在地下，苹果树旁的铃铛自动响起来，拉盾匆匆赶来，把坏蛋赶跑了。

小精灵用自己的生命保护了黄金苹果树。为了纪念小精灵，赫拉就把小精灵变成了倒挂金钟，这就是倒挂金钟的由来。

荆条

Vitex negundo var. *heterophylla*
马鞭草科杜荆属

花期 6～8月 / **果期** 9～10月

落叶灌木或小乔木。树皮灰褐色，幼枝方形有四棱，老枝圆柱形，灰白色，被柔毛。掌状复叶对生或轮生，叶缘呈大锯齿状或羽状深裂。花冠紫色或淡紫色，萼片宿存形成果苞。核果球形，黑褐色，外被宿萼。

观花赏叶，可用于与山石造景，其丛生的习性也常作护坡植物使用。由于荆条抗性比较强，常被应用于退耕还林还草的生态建设工程。

知识拓展

《诗经》中提到荆的地方有五次之多，那时称为“楚”，是当作柴草使用，如《唐风·绸缪》记有：“绸缪束楚，三星在户。今夕何夕，见此粲者？子兮子兮，如此粲者何！”大意是：“荆条紧紧捆，三星在门前。今夜是何夜？和美人相见。你呀你呀，我可把这美人怎么办！”但荆条大多数情况不是这么浪漫有趣，而是“负荆请罪”“荆钗布裙”。“负荆请罪”家喻户晓，说的是老将廉颇背负刑具“荆条”，诚心向丞相蔺相如请罪的故事，出自《史记·廉颇蔺相如列传》：“廉颇闻之，肉袒负荆，因宾客至蔺相如门谢罪。”

芍药

花语 象征友谊、爱情。

Paeonia lactiflora Pall.

毛茛科芍药属

花期 4～5月 / **果期** 9月

浩态狂香昔未逢，
红灯烁烁绿盘龙。
觉来独对情惊恐，
身在仙宫第几重。
——唐 韩愈

草本。茎由根部簇生。叶为二回三出羽状复叶，叶先端长而尖，全缘微波，叶缘密生白色骨质细齿，叶面有黄绿色、绿色和深绿色等，叶背多粉绿色，有毛或无毛。花一般单独着生于茎的顶端或近顶端叶腋处。蓇葖果。

芍药属于十大名花之一，可作专类园、切花、花坛用花等，花大色艳，观赏性佳，和牡丹搭配可在视觉效果上延长花期。

牡丹

Paeonia × suffruticosa

毛茛科芍药属

花期 5月 / 果期 6月

庭前芍药妖无格，池上芙蕖净少情。
唯有牡丹真国色，花开时节动京城。
——唐 刘禹锡

多年生落叶灌木。二回三出复叶。花单生枝顶，苞片5片，长椭圆形；萼片5片，绿色，宽卵形，花瓣5瓣或为重瓣，玫瑰色、红紫色、粉红色至白色，通常变异很大。

牡丹可盆栽，摆放于园林主要景点中供观赏、展览，也可置于室内或阳台装饰观赏，还可作切花。还可用于布置花境或专类园。

知识拓展

牡丹色、姿、香、韵俱佳，花大色艳，花姿绰约，韵压群芳。栽培牡丹有牡丹系、紫斑牡丹系、黄牡丹系等品系，通常分为墨紫色、白色、黄色、粉色、红色、紫色、雪青色、绿色这八大色系，按照花期又分为早花、中花、晚花类，依花的结构分为单花、台阁两类，又有单瓣、重瓣、千叶之异。牡丹栽培和研究愈来愈兴旺，品种也越来越丰富，中国产有五百余种，著名品种有姚黄、魏紫、赵粉、二乔、梨花雪、金轮黄、冰凌罩红石、瑶池春、掌花案、首案红、葛巾紫、蓝田玉、乌龙卧墨池、豆绿等。

牡丹花被拥戴为花中之王，相关的文化和绘画作品很丰富。中国菏泽、洛阳均以牡丹为市花，菏泽曹州牡丹园、百花园、古今园及洛阳王城公园、牡丹公园和植物园，每年于4月15~25日举行牡丹花会。兰州、北京、西安、南京、苏州、杭州等地均有牡丹景观。此外，牡丹的形象还被广泛用于传统艺术，如刺绣、绘画、印花、雕刻中。

玉兰

花语 纯洁的爱、真挚、高贵出尘。

Yulania denudata

木兰科玉兰属

花期 2～3月 / **果期** 8～9月

玉兰万朵牡丹开，先摘姚黄献御杯。
翠幕重重围绕定，料应蜂蝶不曾来。
——宋 王仲修

植物学特征

落叶乔木。树皮深灰色，粗糙开裂。花先于叶开放，芳香，白色。聚合果圆柱形（在庭院栽培中常因部分心皮不育而弯曲）。

园林应用

先花后叶，花洁白、美丽且清香。古时常在住宅的厅前院后配植，名为“玉兰堂”，亦可在庭院路边、草坪角隅、亭台前后等处种植，孤植、对植、丛植或群植均可。

知识拓展

玉兰是木兰科，故又有“木笔”之别称。作为早春观花落叶乔木，玉兰从树姿到花形皆美，其结蕾于冬，不叶而放花于春，盛花若雪涛落玉，莹洁清香，蔚为奇观，深受我国人民的喜爱。玉兰在我国栽培的历史已长达2500年之久。据南朝梁任昉的《述异记》记载“木兰洲在浔阳江中，多木兰树。昔吴王阖闾植木兰于此，用构宫殿也。七里洲中，有鲁般刻木兰为舟，舟至今在洲。诗家云：‘木兰舟，出于此。’”

二乔玉兰

花语 芳香情思，俊郎仪态。

Yulania × soulangeana
木兰科玉兰属

花期 2～3月 / **果期** 9～10月

并肩酒晕生冰颊，比貌罗衣系紫腰。
游客无心问青史，香风成阵尽魂销。
——当代 吴全水

落叶小乔木。叶片互生，叶纸质，倒卵形。花蕾卵圆形，花先于叶开放，浅红色至深红色，花被片 6～9 片，外轮 3 片花被片常较短，约为内轮长的三分之二。聚合果熟时黑色，具白色皮孔。种子深褐色，宽倒卵形或倒卵圆形，侧扁。

二乔玉兰系玉兰和紫玉兰的杂交种。二乔玉兰是早春色、香俱全的观花树种，花大色艳，观赏价值很高，是城市绿化极好的花木品种，广泛用于公园、绿地和庭院等孤植观赏，也可用于排水良好的沿路及沿江河生态景观建设。

知识拓展

二乔玉兰，因其花形奇特艳丽，被人以三国时期东吴的两位美女“大乔、小乔”相誉其美。这两株二乔玉兰花开之时，外紫内白，极为罕见，故而有诗赞曰：“三春一绝京城景，白石阶旁紫玉兰。”

紫玉兰

Yulania liliiflora
木兰科玉兰属

花期 3～4月 / 果期 8～9月

> 火树烧春明踯躅，紫罗囊笔缀辛夷。
> 花枝照眼蒙清润，带雨游山亦自奇。
> ——宋 朱翌

落叶灌木。树皮灰褐色，小枝绿紫色或淡褐紫色。叶椭圆状倒卵形或倒卵形，托叶痕约为叶柄长之半。花蕾卵圆形，被淡黄色绢毛；花叶同时开放，瓶形，直立于粗壮、被毛的花梗上，稍有香气；花被片 9～12 片，外轮 3 片萼片状，紫绿色，披针形，常早落，内两轮肉质，外面紫色或紫红色，内面带白色，花瓣状，雄蕊紫红色；雌蕊群淡紫色。聚合果深紫褐色，圆柱形；成熟蓇葖近圆球形，顶端具短喙。

早春开花时，满树紫红色花朵，幽姿淑态，别具风情，适用于古典园林中厅前院后配植，也可孤植或散植于小庭院内。紫玉兰还可以作为玉兰、白兰等木兰科植物的嫁接砧木。

黄玉兰

Michelia champaca L.

木兰科含笑属

花期 6 ~ 7月 / 果期 9 ~ 10月

植物学特征

落叶小灌木。树冠椭圆形，主树干直立，分枝向上斜生。叶子倒卵形，绿色，叶缘呈波形。花单生直立，花蕾期为黄绿色，较偏绿，盛开时花瓣基部浅黄绿色或近白色，略黄色，极芳香。

园林应用

花供观赏、闻香及作为妇人头饰，亦可提取香料，用来作香水；其木材年轮明显，保存期长，可作为建筑、家具材料。

知识拓展

黄玉兰是一种非常珍贵的观赏植物，花极为罕见。它是由北美的渐尖木兰与白玉兰杂交获得。其明黄的花色遗传自渐尖木兰，而先花后叶的特性遗传自白玉兰。黄玉兰普遍香气浓郁，春末开花。

迎春花

花语 相爱到永远，象征顽强的生命力。

Jasminum nudiflorum Lindl.

木樨科迎春花属

花期 2 ~ 4 月

> 覆阑纤弱绿条长，带雪冲寒折嫩黄。
> 迎得春来非自足，百花千卉共芬芳。
> ——宋 韩琦

落叶灌木植物。直立或匍匐，枝条下垂，枝梢扭曲，光滑无毛，小枝四棱形。叶对生，三出复叶，小枝基部常具单叶。花单生在去年生的枝条上，先于叶开放，有清香，金黄色，外染红晕。

枝条披垂，冬末至早春先花后叶，花色金黄，叶丛翠绿。在园林绿化中宜在湖边、溪畔、桥头、墙隅配植，或在草坪、林缘、坡地、房屋周围栽植，可供早春观花。迎春花的绿化效果突出，体现速度快，栽植当年即有良好的绿化效果，在各地都有广泛使用。

知识拓展

迎春花与梅花、水仙和山茶花统称为“雪中四友”，是中国常见的花卉之一。迎春花不仅花色端庄秀丽，气质非凡，还具有不畏寒威、不择风土、适应性强的特点，历来为人们所喜爱。

连翘

Forsythia suspense
木樨科连翘属

花期 3～4月 / 果期 7～9月

落叶灌木。枝开展或下垂，小枝略呈四棱形，疏生皮孔，节间中空，节部具实心髓。叶通常为单叶，或3裂至三出复叶，叶片卵形。花先于叶开放，花冠黄色。

树姿优美、生长旺盛。早春花先于叶开放，盛开时满枝金黄，令人赏心悦目，是早春优良观花灌木。在绿化美化城市方面应用广泛，是观光农业和现代园林难得的优良树种。连翘萌发力强，树冠盖度增加较快，能有效防止雨滴击溅地面，减少侵蚀，具有良好的水土保持作用，是国家推荐的退耕还林优良生态树种和黄土高原防治水土流失的最佳经济作物。

知识拓展

相传，五千年前岐伯在河南岐伯山上采药、种药，他有个孙女叫连翘，一日岐伯和连翘采药时，岐伯自品自验一种药物，不幸中毒，口吐白沫，不省人事，连翘慌忙中顺手捋了一把身边的绿叶，在手里揉碎后塞进爷爷的嘴里。稍过片刻，岐伯慢慢苏醒过来。此后，他经过多次试验，发现这绿叶有较好的清热解毒作用，便把这绿叶记入他的中药名录，以孙女代名，取名为“连翘”，又在他居住的大臣沟里栽种了许多连翘，故事流传至今。

紫丁香

花语　纯真无邪，忧愁思念。

Syringa oblata Lindl

木樨科丁香属

花期 4 ~ 5 月 / 果期 6 ~ 10 月

灌木或小乔木。叶片革质或厚纸质，卵圆形至肾形。圆锥花序直立，花冠紫色。果卵形或长椭圆形。

园林中常丛植于建筑前、茶室凉亭周围，开花时清香入室，沁人肺腑。与其他种类丁香配植成专类园，形成美丽、清雅、芳香、青枝绿叶、花开不绝的景区，效果极佳；也可用于盆栽、促成栽培、切花等。

花叶丁香

Syringa × persica L.
木樨科丁香属

花期 4 ~ 5月

植物学特征

小灌木，具皮孔。叶大部分或全部羽状深裂。花序由侧芽抽生，通常多对排列在枝条上部呈顶生圆锥花序状，花芳香，花冠淡紫色，花冠管近圆柱形，花冠裂片呈直角开展。

园林应用

花朵繁多，色彩鲜艳，盛花期更是经久不衰。花芳香，可提芳香油，又为庭院观赏树种。可用于公园、庭院绿化，宜孤植、片植。

近似种识别

花叶丁香	紫丁香
叶大部或全部羽状深裂	嫩叶簇生，后对生，卵形、倒卵形或披针形
花淡紫色，有香气	花淡紫色、紫红色或蓝色
花期 4 ~ 5 月	花期 5 ~ 6 月

毛泡桐

花语 期待你的爱，永恒的守候。

Paulownia tomentosa

泡桐科泡桐属

花期 4～5月 / **果期** 8～9月

落叶乔木。单叶，对生，叶大，卵形，全缘或有浅裂，具长柄，柄上有茸毛。花大，淡紫色或白色，顶生圆锥花序；花冠钟形或漏斗形，先花后叶。蒴果卵形或椭圆形，熟后背缝开裂。

毛泡桐是中国的特产树种，具有很强的速生性，是平原绿化、营建农田防护林、四旁植树和林粮间作的重要树种。

紫薇

Lagerstroemia indica L.

千屈菜科紫薇属

花期 6～9月 / 果期 9～12月

落叶灌木或小乔木。树皮平滑，灰色或灰褐色，枝干多扭曲。叶互生或有时对生。花瓣6瓣，花玫红、大红、深粉红、淡红色或紫色、白色，常组成顶生圆锥花序，雄蕊多数。蒴果，成熟时或干燥时呈紫黑色，室背开裂。

色彩丰富，花期长，具有极高的观赏价值，并且具有易栽植、易管理的特点。紫薇可以吸收二氧化硫、氯气和氟化氢等有害气体，同时具有降尘的作用，开花时花朵挥发出的油还具有消毒功能，不仅具有丰富夏秋少花季节、美化环境的作用，更起到生态环保的作用。

贴梗海棠

Chaenomeles speciosa (Sweet) Nakai

蔷薇科木瓜属

花期 3～5月 / 果期 9～10月

又名皱皮木瓜。落叶灌木。枝条直立开展，有刺。叶片卵形至椭圆形，边缘具有尖锐锯齿，托叶肾形或半圆形，边缘有尖锐重锯齿。花先叶开放，猩红色，果实球形或卵球形，黄色或带黄绿色，味芳香。

春季观花夏秋赏果，淡雅俏秀，多姿多彩。可制作多种造型的盆景，被称为盆景中的“十八学士”之一，可置于厅堂、花台、门廊角隅、休闲场地，与建筑合理搭配，使庭院胜景倍添风采，被点缀得更加幽雅清秀。

贴梗海棠	日本贴梗海棠
枝条上无毛，有刺	枝开展有刺，小枝粗糙，小的树上有茸毛，枝条是紫红色的，二年生枝有疣状突起，黑褐色
叶片椭圆形，先端尖，基部楔形，表面无毛有光泽，背面无毛或脉上稍有毛	叶片广卵形至倒卵形或匙形，先端钝或短急尖，两面无毛
花色有朱红、粉红或白色的	花色只有朱红色
果卵球形至球形，黄绿色	果接近球形，黄色

黄刺玫

花语 希望与你泛起激情的爱。

Rosa xanthina Lindl.

蔷薇科蔷薇属

花期 5～6月 / **果期** 7～8月

和烟和露一丛花，担入宫城许史家。
惆怅东风无处说，不教闲地著春华。
——唐 吴融

落叶灌木。小枝褐色或褐红色，具刺。奇数羽状复叶，小叶常7～13枚。花黄色，单瓣或重瓣，无苞片。果球形，红黄色。

株形清秀，春天盛开一朵朵金黄色的花，鲜艳夺目，与绿叶相衬，显得格外灿烂醒目，花期较长，是我国北方园林中重要的春季观花灌木。适合丛植于草坪、路边、林缘及建筑物前，亦可列植作为花篱，庭院观赏，是北方春末夏初的重要观赏花木。

月季

花语　幸福快乐的心情、美丽动人的光荣以及热烈美好的爱情。

Rosa chinensis Jacq.
蔷薇科蔷薇属

花期 4～9月 / **果期** 6～11月

牡丹最贵惟春晚，芍药虽繁只夏初。
唯有此花开不厌，一年长占四时春。
——宋　苏轼

常绿、半常绿低矮灌木。小枝粗壮，圆柱形，有短粗的钩状皮刺。小叶3～5枚，稀7枚，边缘有锐锯齿。花数朵集生，稀单生，花瓣重瓣至半重瓣，红、粉红、白等多种颜色。果卵球形或梨形。

四季开花，花色繁多，一般为红色或粉色、偶有白色和黄色，花期长，观赏价值高，价格低廉，受到各地园林的喜爱。可用于园林布置花坛、花境、庭院的花材，可制作月季盆景，作切花、花篮、花束等。月季还是吸收有害气体的能手，能吸收硫化氢、氟化氢、苯、苯酚等有害气体，同时对二氧化硫、二氧化氮等有较强的抵抗能力。

蔷薇

Rosa sp.
蔷薇科蔷薇属

花期 5～6月 / 果期 7～8月

百丈蔷薇枝，缭绕成洞房。密叶翠帷重，秾花红锦张。——明 顾璘

植物学特征

小枝通常有大小不等的皮刺并混生刺毛。小叶革质。花单生，有重瓣及半重瓣。果近球形或梨形，亮红色。

园林应用

色泽鲜艳，气味芳香，是香色并具的观赏花。枝干呈半攀缘状，可依架攀附成各种形态，宜于花架、花格、辕门、花墙等处布置，夏日花繁叶茂，确有“密叶翠帷重，秾花红锦张”的景色，亦可修剪成小灌木状，培育成盆花。有些品种可作切花。

知识拓展

明朝王象晋在《群芳谱》中，把蔷薇属植物，分为蔷薇、玫瑰、刺蘼、月季、木香 5 类。王象晋又在蔷薇中列举约 20 种不同的类型。他说：“（墙薇）开时连春接夏，清馥可人，结屏甚佳。别有野蔷薇，号野客、雪白、粉红，香更郁烈。……它如宝相、金钵盂、佛见笑、七姊妹、十姊妹，体态相类，种法亦同。”根据这些记录，可知在 400 年前，中国的蔷薇品种已相当丰富。其中蔷薇、月季、玫瑰现在被称为中国蔷薇三姐妹。

1985 年《中国植物志》第三十七卷问世，更清楚地描述了蔷薇的形态，俞德浚教授将它定名为野蔷薇。不能说中国古代的蔷薇就是野蔷薇，可野蔷薇（*R. multiflora*）这个种肯定在当时“蔷薇”指定范围之内。

玫瑰

Rosa rugosa Thunb.
蔷薇科蔷薇属

花语 红玫瑰代表热情真爱，黄玫瑰代表珍重祝福，紫玫瑰代表浪漫珍贵，白玫瑰代表纯洁天真，黑玫瑰代表温柔真心，橘玫瑰代表友情和青春，蓝玫瑰代表敦厚善良。

花期 5～6月 / **果期** 8～9月

直立灌木。小枝密被茸毛，并有针刺和腺毛，皮刺外被茸毛。小叶5～9枚，椭圆形或椭圆状倒卵形，边缘有尖锐锯齿。花单生于叶腋，或数朵簇生；花梗密被茸毛和腺毛；花瓣倒卵形，重瓣至半重瓣，芳香，紫红色至白色。果扁球形，砖红色，肉质，平滑，萼片宿存。

玫瑰色艳花香，喜光，耐寒，耐旱，耐轻碱土，不耐积水，适应性强，最适合作花篱、花境、花坛及坡地栽植。

知识拓展

西方把玫瑰花当作严守秘密的象征，做客时看到主人家桌子上方画有玫瑰，就明白在这桌上所谈的一切均不可外传，于是有了 Sub rosa（在玫瑰花底下）这个拉丁成语。英语 under the rose 则是源自德语 unter der rosen，古代德国宴会厅、会议室以及酒店餐厅的天花板上常画有或刻有玫瑰花，用来提醒与会者守口如瓶，严守秘密，不要把玫瑰花下的言行透露出去。罗马神话中的荷鲁斯（Horus）撞见爱的女神维纳斯偷情的事，维纳斯的儿子丘比特为了帮母亲保住名节，于是给了荷鲁斯一朵玫瑰，请他守口如瓶，荷鲁斯收了玫瑰于是缄默不语，成为“沉默之神”，这就是 under the rose 的由来。

麦李

Cerasus glandulosa (Thunb.) Lois.
蔷薇科樱属

花期 3 ~ 4月 / 果期 5 ~ 8月

灌木。小枝灰棕色或棕褐色。叶片长圆披针形或椭圆披针形。花单生或两朵簇生，花叶同开或近同开，花瓣白色或粉红色，倒卵形。核果红色或紫红色，近球形。

麦李甚为美观，各地庭院常见栽培观赏。适合于草坪、路边、假山旁及林缘丛植，也可基础栽植、盆栽或作切花材料。春天叶前开花，满树灿烂，甚为美丽，秋季叶变红，是很好的庭院观赏树。

麦李	郁李
株型瘦小，叶节间近	株型粗大，叶节间稀
叶片长圆披针形或椭圆披针形，基部楔形，最宽处在中部，边有细钝重锯齿，侧脉 4 ~ 5 对	叶片卵形或卵状披针形，基部圆形，中部以下最宽，边有缺刻状尖锐重锯齿，侧脉 5 ~ 8 对
萼筒钟状，萼片三角状椭圆形，先端急尖	萼筒陀螺状，萼片椭圆形，先端圆钝

日本樱花

花语 爱情与希望的象征，代表着高雅、质朴纯洁的爱情。

Cerasus yedoensis (Matsum.) Yu et Li

蔷薇科樱属

花期 3月底至4月初

樱花落尽阶前月，象床愁倚薰笼。远似去年今日，恨还同。

——晚唐五代 李煜

乔木。小枝淡紫褐色，无毛。叶片椭圆卵形或倒卵形，叶缘有尖锐重锯齿，齿端渐尖，叶柄有腺体。花先叶开放，花瓣为重瓣，初为粉红色，后转白色，花序伞形总状。

在日本栽培广泛，也是中国引种最多的种类，花期早，在开花时满树灿烂，但是花期很短，仅保持1周左右就凋谢，适合种植于庭院、公园、草坪、湖边或居住小区等处，也可以列植或和其他花灌木合理配植于道路两旁，或片植作专类园。

碧桃

花语 消恨之意，爱情俘虏。

Amygdalus persica L. var. *persica* f. *duplex* Rehd.
蔷薇科桃属

花期 3～4月 / **果期** 8～9月

碧桃天上栽和露，不是凡花数。
——宋 秦观

小乔木。单叶互生，椭圆状或披针形，先端渐尖，基部宽楔形，叶边具细锯齿；花单生或两朵生于叶腋，花梗极短或几乎无梗，花有单瓣、半重瓣和重瓣，花有白、粉红、红和红白相间等色。春季花先叶或与叶同时开放。核果广卵圆形，有些品种只开花而不结果实。

花大色艳，开花时美丽漂亮，花期15天之久。在园林绿化中被广泛应用于湖滨、溪流、道路两侧和公园等，绿化效果突出，栽植当年即有特别好的效果体现。可列植、片植、孤植，碧桃是园林绿化中常用的彩色苗木之一，和紫叶李、紫叶矮樱等苗木通常一起使用。

菊花桃

Amygdalus persica L. 'Juhuatao'
蔷薇科桃属

花期 3～4月

植物学特征

又名菊花碧桃。落叶灌木或小乔木。树干灰褐色，小枝细绿色，向阳处转变成红色，具大量小皮孔。叶椭圆状披针形。花生于叶腋，粉红色或红色，重瓣，花瓣较细，盛开时犹如菊花，花梗极短或几乎无梗；萼筒钟形，被短柔毛，花药绯红色；花先于叶开放或花、叶同放。花后一般不结果。

园林应用

株形秀丽，花形比较有特色，花朵开放时鲜艳诱人，是人们在庭院种植以及步行道两侧种植的理想观赏性树木。也可以当作盆栽花卉进行栽培。

照手桃

Amygdalus persica 'Terutemomo'
蔷薇科桃属

花期 4～5月 / **果期** 8～9月

落叶小乔木。树形窄塔形或窄圆锥形，枝条直上，分枝角度小。花重瓣，色彩鲜艳，花期多为 4 月中旬，性成熟期 2～3 年，盛花期 5～20 年。

树冠圆柱形，枝叶非常浓密，花型似碧桃。展叶前开花，可作公园、小区小路行道树、庭院观花树，也可作为绿墙种植，观赏价值非常高。

知识拓展

“照手”在日文中指“扫帚”外形。照手桃最早起源于日本江户时代，因树形好似扫帚，也被称为“帚桃”。1695 年日本著名园艺专著《花坛地锦抄》上有对帚桃最早的记载。台湾出版的《杨氏园艺植物大名典》上也曾经有过塔形桃的记载。日本从 20 世纪 80 年代开始利用古老的帚桃为亲本培育出照手红、照手白、照手桃和照手姬四个品种。后两者同为粉色系，但在花色深浅和着花密度上有所区别。

垂丝海棠

Malus halliana Koehne

蔷薇科苹果属

花语 又名思乡草，象征长期在外的游子对家人的思念。

花期 3～4月 / **果期** 9～10月

落叶小乔木。树冠疏散，枝开展，小枝细弱，微弯曲，圆柱形，紫色或紫褐色。叶片卵形或椭圆形至长椭卵形，上面深绿色，有光泽并常带紫晕。伞房花序，花梗细弱，下垂，紫色；花瓣倒卵形，粉红色，常在 5 数以上。

花色艳丽，花姿优美，花朵簇生于顶端，朵朵弯曲下垂，如遇微风飘飘荡荡，娇柔红艳。远望犹如彤云密布，美不胜收，是深受人们喜爱的庭院木本花卉。垂丝海棠宜植于小径两旁，或孤植、丛植于草坪上，最宜植于水边，犹如佳人照碧池。此外，垂丝海棠还可制桩景。

西府海棠

花语 美丽，娴静，与世无争。

Malus micromalus Makino
蔷薇科苹果属

花期 4～5月 / **果期** 8～9月

小乔木。树枝直立性强，小枝细弱圆柱形。叶片长椭圆形或椭圆形，边缘有尖锐锯齿。伞形总状花序，集生于小枝顶端，粉红色。果实近球形。

花朵红粉相间，叶子嫩绿可爱，果实鲜美诱人，孤植、列植、丛植均极为美观。最宜植于水滨及小庭一隅。新式庭院中，以浓绿针叶树为背景，植海棠于前列，则其色彩尤觉夺目，若列植为花篱，鲜花怒放，蔚为壮观。与玉兰、牡丹、桂花相伴，形成“玉棠富贵”之意。

麻叶绣线菊

Spiraea cantoniensis Lour.

蔷薇科绣线菊属

花期 4 ~ 5月 / 果期 7 ~ 9月

灌木。小枝细，拱形，平滑无毛。叶菱状长椭圆形至菱状披针形，有深切裂锯齿，两面光滑，表面暗绿色，背面蓝青色，基部楔形。伞形花序具多花，白色。

花色艳丽，花朵繁茂，盛开时枝条全部被细巧的花朵所覆盖，形成一条条拱形花带，树上树下一片雪白。初夏观花，秋季观叶，是一类极好的观花灌木，适于在城镇园林绿化中应用，或布置广场，或居住区绿化。该种为落叶灌木，枝条细长且萌蘖性强，因而可以代替女贞、黄杨用作绿篱。由于其花期长，又可用作花境，形成美丽的花带。

麻叶绣线菊	金焰绣线菊
叶片菱状披针形或菱状长圆形，比较光滑	叶片羽状脉，边缘有分裂锯齿
花期 4 ~ 5 月	花期 6 ~ 9 月
花白色	花玫瑰色

珍珠梅

花语 努力。

Sorbaria sorbifolia (L.) A. Br.
蔷薇科珍珠梅属

花期 7～8月 / **果期** 9月

枯枝微透春消息，
纵纤小也自含情。
——当代 溥仪

灌木。羽状复叶，小叶对生，披针形至卵状披针形。顶生大型密集圆锥花序，花瓣长圆形或倒卵形，白色。蓇葖果长圆形，有顶生弯曲花柱。

花、叶清丽，花期很长且值夏季少花季节，又有耐阴的特性，是受欢迎的观赏树种。在园林应用上常见孤植、列植、丛植。珍珠梅对多种有害细菌具有杀灭或抑制作用，适宜在各类园林绿地中种植。

棣棠

花语 高贵，寓意拥有美好。

Kerria japonica (L.) DC.

蔷薇科棣棠花属

花期 4～6月 / **果期** 6～8月

棠棣黄花发，忘忧碧叶齐。
人闲微病酒，燕重远兼泥。
——唐 李商隐

落叶灌木。小枝绿色，圆柱形，无毛，常拱垂，嫩枝有棱角。叶互生，三角状卵形或卵圆形。单花，着生在当年生侧枝顶端，花瓣黄色，宽椭圆形。瘦果倒卵形至半球形，褐色或黑褐色。

枝叶翠绿细柔，金花满树，别具风姿，可栽在墙隅或管道旁，有遮蔽之效。宜可作花篱、花径，群植于常绿树丛之前、古木之旁、山石缝隙之中，池畔、水边、溪流及湖沼沿岸成片栽种，均甚相宜。

杜梨

Pyrus betulifolia Bunge.
蔷薇科梨属

花期 4月 / 果期 8 ~ 9月

植物学特征

乔木。树冠开展，枝常具刺。叶片菱状卵形至长圆卵形，边缘有粗锐锯齿。伞形总状花序，白色，花药紫色。果实近球形，褐色，有淡色斑点。

园林应用

树形优美，花色洁白，抗盐碱，性强健，对水肥要求也不严，可用作防护林或水土保持林，也可用于街道庭院及公园的绿化树。杜梨常作各种栽培梨的砧木，结果期早，寿命很长。

知识拓展

早期的先民们普通百姓家用不起围栏，就用杜梨枝干堵在院门口，起到防护作用。这可能也是杜梨这种树木被称“杜”的原因，指可以用来堵塞门洞的树木。《尚书》《国语》《周礼》等古书用“杜”字表示“关闭、堵塞”等意思，原因就在这里。这也是“杜门谢客、杜口吞声、杜口裹足”等词的来历。

梨

花语　纯真，代表唯美纯净的爱情，也有离别之意。

Pyrus spp.
蔷薇科梨属

花期 2～5月 / **果期** 5～8月

乔木。花芽较肥圆，呈棕红色或红褐色；叶芽小而尖，褐色。叶形多数为卵形或长卵圆形，单叶互生，叶缘有锯齿。花为伞房花序，两性花，花瓣近圆形或宽椭圆形。

为了突出其个体美，梨树在公园绿化中可孤植应用，一般选择开阔空旷的地点，如草坪边缘、花坛中心、角落向阳处及门口两侧等。春天，雪白的梨花竞相开放；秋天，丰硕的梨果缀满枝条，成为公园内一道靓丽的风景。

梅

花语 梅，独天下而春，作为传春报喜、吉庆的象征，从古至今一直被中国人视为吉祥之物。

Prunus mume Sieb.
蔷薇科李属

花期 冬春季 / **果期** 5～6月

闻道梅花坼晓风，雪堆遍满四山中。
何方可化身千亿，一树梅花一放翁。
——宋 陆游

小乔木，稀灌木。树皮浅灰色或带绿色，平滑；小枝绿色，光滑无毛。叶片卵形或椭圆形，先端尾尖，基部宽楔形至圆形，叶边常具小锐锯齿。花单生或有时 2 朵同生于 1 个芽内，香味浓，先于叶开放；花梗短，花萼通常红褐色，花瓣倒卵形，白色至粉红色。果实近球形，黄色或绿白色，味酸。

对氟化氢污染敏感，可以用来监测大气氟化物污染。梅花最适合植于庭院、草坪、低山丘陵，可孤植、丛植、群植。又可盆栽观赏或加以修剪做成各式桩景，或作切花瓶插供室内装饰用。

垂枝梅

Prunus mume var. *pendula*
蔷薇科李属

花期 2～3月 / 果期 5～6月

植物学特征

枝自然下垂或斜垂，花有红、粉、白各色。垂枝梅包括五个类型：单粉垂枝型，花似江梅；双粉垂枝型，花似宫粉梅；残雪垂枝型，花似玉蝶梅；白碧垂枝型，花似绿萼梅；骨红垂枝型，花似朱砂梅。

园林应用

所有枝条自然下垂，形成伞状或蘑菇状树冠来展示其优美的形态。可与其他植物，包括乔木、灌木、各种花卉搭配，在庭院、公路、公园等地方的绿化中经常被使用，可群植或片植形成大面积的景观，亦可孤植。

杏

Prunus armeniaca

蔷薇科李属

花期 3～4月 / **果期** 6～7月

落叶乔木。树冠圆整，树皮黑褐色，不规则纵裂。小枝红褐色。叶宽卵形或卵状椭圆形，钝锯齿，叶柄红色无毛。花两性，单生，白色至淡粉红色，萼紫红色，先叶开放。果球形，黄色。

杏树早春开花，宛若烟霞，是我国北方主要的早春花木。宜于山坡群植或片植，也可植于水畔、湖边，极具观赏性，也可作北方大面积荒山造林树种。

知识拓展

唐代南卓《羯鼓录》讲述了一则“羯鼓催花”的故事，说唐玄宗好羯鼓，曾游别殿，见柳杏含苞欲吐，叹息道：“对此景物，岂得不为他判断之乎。”因命高力士取来羯鼓，临轩敲击，并自制《春光好》一曲，当轩演奏，回头一看，殿中的柳杏这时繁花竞放，似有报答之意。玄宗见后，笑着对宫人说：“此一事，不唤和作天公，可乎？”

榆叶梅

花语 花团锦簇，春光明媚，欣欣向荣。

Prunus triloba

蔷薇科李属

花期 4～5月 / **果期** 5～7月

灌木。短枝上的叶常簇生，一年生枝上的叶互生；叶片宽椭圆形至倒卵形，先端短渐尖。花先于叶开放，粉红色。果实近球形，红色，外被短柔毛；成熟时开裂，核近球形，具厚硬壳。

枝叶茂密，花繁色艳，是中国北方园林、街道、路边等区域重要的绿化观花灌木树种。有较强的抗盐碱能力，适合种在公园的草地、路边或庭院中的角落、水池等地。

西洋接骨木

花语 象征友谊、爱情。

Sambucus williamsii

忍冬科接骨木属

花期 4～5月 / **果期** 9～10月

落叶灌木或小乔木。老枝淡红褐色，具明显的长椭圆形皮孔，髓部淡褐色。羽状复叶。花与叶同出，圆锥形聚伞花序顶生，花冠蕾时带粉红色，开后白色或淡黄色，花药黄色。果实红色。

夏季蓝紫色果实满树，是不多见的夏季观果树种，十分受欢迎。

西洋接骨木	接骨木
花期较晚，每年5月下旬开花	花期较早，每年4月下旬开始开花
羽状复叶有小叶3～7枚，通常5枚；小叶片椭圆形，边缘具锐锯齿；叶面较平整；叶片较小、较窄	羽状复叶有小叶5～7枚，有时仅3枚，有时多达11枚；小叶片卵圆形，边缘具不整齐锯齿；叶面不平整，叶缘部分常上下起伏；叶片较大较宽
聚伞花序呈伞房状，分枝5个，平散	聚伞花序呈圆锥状，分枝多成直角开展
花冠白色至乳白色，颜色较浅，花冠裂片5个，平展，不反折	花冠乳白色至淡黄色，颜色较深，花冠裂片5片，盛开时反折

锦带花

花语 前程似锦，绚烂美丽，炫如夏花。

Weigela florida (Bunge) A. DC.
忍冬科锦带花属

花期 4～6月 / **果期** 7～10月

何年移植在僧家，一簇柔条缀彩霞。
锦带为名俚而俗，为君呼作海仙花。
——宋 王禹偁

落叶灌木。叶基部阔楔形至圆形，边缘有锯齿。花单生或呈聚伞花序生于侧生短枝的叶腋或枝顶，花冠紫红色或玫瑰红色，内面浅红色。

花期正值春花凋零、夏花不多之际，花色艳丽而繁多，故为东北、华北地区重要的观花灌木之一。锦带花对氯化氢抗性强，是良好的抗污染树种。

山茶

Camellia japonica L.
山茶科山茶属

花语 谦逊，美德，适合送给恋人或欣赏的女性。

花期 1～4月 / **果期** 8～9月

山茶相对阿谁栽，细雨无人我独来。说似与君君不会，烂红如火雪中开。
——宋 苏轼

植物学特征

灌木或小乔木植物。叶革质，椭圆形，边缘有细锯齿。花顶生，红色，无柄。蒴果圆球形，果皮厚木质。

园林应用

树态优美，常散植于庭院、花径、假山旁和林缘等地，也可建山茶专类园。北方适合盆栽观赏，置于门厅入口、会议室、公共场所都能取得良好效果；置于家庭的阳台、窗前，显春意盎然。

朱顶红

Hippeastrum rutilum
石蒜科朱顶红属

花语 渴望被爱，勇敢地追求爱，另外还有渴望被关爱的意思。

花期 5 ~ 6月

多年生草本植物。具鳞茎，剑形叶左右排列，柱状花葶巍然耸立当中，顶端着花 4 ～ 8 朵，两两对角生成，花朵硕大豪放，花色艳丽悦目。常见栽培有大红、粉红、橙红各色品种，有的花瓣还密生各色条纹或斑纹。

既是优良室内盆栽花卉，又是上等切花材料。进行短日照处理（每天光照 8 ～ 12 小时）可以提早开花。花大色艳，极为壮丽悦目。适于盆栽装点居室、客厅、过道和走廊。也可于庭院栽培，或配植花坛。

知识拓展

希腊传说中，在一个小乡村里，美丽的牧羊女遇到了英俊潇洒的牧羊人，她对他一见钟情。可是牧羊女发现，几乎村里所有的牧羊女都爱慕这个牧羊人，但是牧羊人的眼睛里却只看得到花园里美丽的花朵。牧羊女很伤心，她想，究竟谁能得到牧羊人的真心呢？牧羊女带着疑惑和伤心找到了女祭司，女祭司告诉她，如果你想得到牧羊人的喜爱，就要付出代价。你要用一枚黄金箭头刺穿自己的心脏，之后每天都沿着同一条路去往牧羊人的小木屋，让鲜血洒在你走过的路上。在牧羊女去探望牧羊人的那条小路上开满了红色的花朵，如同牧羊女心头的鲜血。牧羊女采了一大把花，她捧着这把花兴奋地敲开了木屋的门，刹那间，娇美的红花和美丽的容颜打动了牧羊人，他接受了牧羊女的真心，与她幸福快乐地生活在一起。牧羊人用爱人的名字——朱顶红命名了这种鲜红的花朵。

风尾丝兰

花语　盛开的希望。

Yucca gloriosa L.

天门冬科丝兰属

花期　6～10月

植物学特征

常绿灌木。叶密集，螺旋排列于茎端，质坚硬，有白粉，剑形，顶端硬尖，边缘光滑。圆锥花序高1米多，花大而下垂，乳白色，常带红晕。蒴果干质，下垂，椭圆状卵形，不开裂。

园林应用

叶色常年浓绿，花、叶皆美，数株成丛，高低不一，树态奇特；叶形如剑，开花时花茎高耸挺立，繁多的白花下垂如铃，姿态优美，花期持久，是良好的庭院观赏树木，常植于花坛中央、建筑前、草坪中、池畔、台坡、建筑物、路旁及绿篱等地。

知识拓展

凤尾丝兰，一种很古老神奇的植物。传说有一次凤凰涅槃失败后，因为没有新的身体，便附着在旁边的一株植物上。然后，这株植物便开出了迎着风摆动的凤尾兰。

白鹤芋

花语　事业有成、一帆风顺。

Spathiphyllum lanceifolium

天南星科白鹤芋属

花期 5～8月

植物学特征

多年生草本。叶基生，基部呈鞘状，叶全缘或有分裂；叶长椭圆状披针形，两端渐尖，叶脉明显，叶柄长，深绿色。佛焰苞大而显著，高出叶面，白色或微绿色，肉穗花序乳黄色。

园林应用

花茎挺拔秀美，开花时十分美丽，不开花时亦是优良的室内盆栽观叶植物，是新一代的室内盆栽花卉，盆栽点缀客厅、书房，别致高雅。在南方，配植于小庭院、池畔、墙角处，别具一格。另外白鹤芋的花也是极好的花篮和插花装饰材料，也可以过滤室内废气，对氨气、丙酮、苯和甲醛都有一定的清洁功效。

花烛

花语 大展宏图、热情、热血。

Anthurium andraeanum Linden
天南星科花烛属

花期 全年

植物学特征

多年生常绿草本植物。茎节短。叶自基部生出，绿色，革质，全缘，长圆状心形或卵心形；叶柄细长。佛焰苞平出，卵心形，革质并有蜡质光泽，橙红色或猩红色。肉穗花序黄色。

园林应用

佛焰苞硕大，肥厚，覆有蜡层，光亮，色彩鲜艳，且叶形秀美。花烛小型者可制作温室盆花；大型者可制作温室大盆栽。

令箭荷花

花语　追忆，寓意对之前的事情有所留恋，适合送给曾经的恋人。

Nopalxochia ackermannii Kunth

仙人掌科令箭荷花属

花期 4～6月

植物学特征　附生类仙人掌植物。茎直立，多分枝，群生灌木状。花大型，从茎节两侧的刺座中开出，花筒细长，喇叭状，重瓣或复瓣，白天开花，夜晚闭合，一朵花仅开 1~2 天，花色有紫红、大红、粉红、洋红、黄、白、蓝紫等，夏季白天开花。果实椭圆形，红色浆果，种子黑色。

园林应用　花色丰富，品种繁多，以其娇丽轻盈的姿态、艳丽的色彩和幽郁的香气，深受人们喜爱。以盆栽观赏为主，在温室中多采用品种搭配，可提高观赏效果。用来点缀客厅、书房的窗前、阳台、门廊，是色彩、姿态、香气俱佳的室内优良盆花。

仙人指

花语 坚硬，藏在心底的爱。

Schlumbergera bridgesii (Lem.) Loefgr.
仙人掌科仙人指属

花期 1～3月

植物学特征

附生类常绿草本。扁平的变态攀缘节相连成枝，边缘有2～3对波形网钝齿，每片变态茎的下部呈半圆形，顶部平截。成年植株12月从枝顶变态茎着生花蕾，翌年1～3月开放，先伸直而后呈90°角平展成辐射状，有紫红、橘红、粉红等色；2月是其盛花期。

园林应用

株形优美，开花繁茂，为常见的室内花卉，能在阳光不足的空间栽培，多用于卧室、客厅、窗台、案几上摆放观赏。

知识拓展

仙人指的花瓣偏纤细，柔弱，开花时花瓣向后翻折过去，像人手的兰花指，故名仙人指。仙人指是一种常见的仙人掌植物，观赏性强。因为它在圣烛节开花，所以也叫圣烛节仙人掌。

蒲包花

Calceolaria × *herbeohybrida* Voss
玄参科蒲包花属

花语 黄色代表富贵，红色代表援助和人情，紫色代表离别，白色代表失落。

花期 2～5月 / **果期** 6～7月

植物学特征 一年生或多年生草本。叶卵形，对生。花色变化丰富，单色品种具黄、白、红系各种深浅不同的花色；复色品种则在各种颜色的底色上，具有橙、粉、褐、红等色斑或色点。花形别致，具二唇花冠，小唇前伸，下唇膨胀呈荷包状，向下弯曲。蒴果。

园林应用 花色艳丽，花形奇特，为冬春季重要的室内花卉。一般制作小型盆栽，花期可达3～4个月。

荷包牡丹

花语 悲伤，绝望的爱，永恒的爱。

Dicentra spectabilis (L.) Lem.
罂粟科荷包牡丹属

花期 4 ~ 6 月

植物学特征

直立草本。茎圆柱形，带紫红色。叶片轮廓三角形，二回三出复叶，全裂。总状花序，有 5 ～ 15 枚花，于花序轴的一侧下垂。

园林应用

叶丛美丽，花朵玲珑，形似荷包，色彩绚丽，是盆栽和切花的好材料，也适合植于花境和树丛、草地边缘湿润处，景观效果极好。

知识拓展

传说小镇上住着一位美丽的姑娘，名叫玉女。玉女芳龄十八，心灵手巧，天生聪慧，绣花织布技艺精湛，尤其是绣在荷包上的各种花卉图案，竟常招惹蜂蝶落在上面。这么好的姑娘，提亲者自然是挤破了门槛，但都被姑娘家人——婉言谢绝。原来姑娘自有钟情的男子，家里也默认了。可惜，小伙在塞外充军已经两年，杳无音信。玉女日日盼，夜夜想，苦苦思念，便每月绣一个荷包聊作思念之情，并挂在窗前的牡丹枝上。久而久之，荷包形成了串，就变成人们所说的那种“荷包牡丹”了。

紫茉莉

花语　贞洁，质朴，胆小，怯懦，猜忌。

Mirabilis jalapa L.
紫茉莉科紫茉莉属

花期 6 ~ 10 月 / 果期 8 ~ 11 月

植物学特征

一年生草本。茎直立，圆柱形，多分枝。叶片卵形或卵状三角形，全缘，脉隆起。花常数朵簇生枝端，总苞钟形；花紫红色、黄色、白色或杂色，高脚碟状，5 浅裂；花午后开放，有香气，翌日午前凋萎。瘦果球形，黑色，表面具皱纹。

园林应用

花色优美，适宜在庭院、房前屋后栽植，有时亦为野生。矮生品种可供盆栽。

三角梅

花语　热情，坚韧不拔，顽强奋进。

Bougainvillea glabra
紫茉莉科叶子花属

花期　4～11 月

植物学特征

有枝刺，枝条常拱形下垂。单叶互生，卵形或卵状椭圆形，全缘。花 3 朵顶生，各具 1 枚叶状大苞片，鲜红色，椭圆形。

园林应用

苞片大而美丽，鲜艳似花，当嫣红姹紫的苞片展现时，给人以奔放热烈的感觉，在南方常作为坡地、围墙的攀缘观赏植物，也用于布置绿篱和花坛。北方作为盆花主要用于冬季观花。欧美用三角梅作切花。一年能开两次，在华南地区可以采用花架，供门或高墙覆盖，形成立体花墙。

楸

Catalpa bungei C. A. Mey.
紫葳科梓属

花期 5～6月 / 果期 6～10月

楸英独妩媚，淡紫相参差。
大叶与劲干，簇萼密自宜。
——宋 梅尧臣

小乔木。叶三角状卵形或卵状长圆形，顶端长渐尖，基部截形、阔楔形或心形，叶背无毛。顶生伞房状总状花序，花萼蕾时圆球形，花冠淡红色，内面具有2条黄色条纹及暗紫色斑点。蒴果线形，种子狭长椭圆形。

树形优美、花大色艳，常用作园林观赏。或叶被密毛、皮糙枝密，有利于隔音、减声、防噪、滞尘，此类型分别在叶、花、枝、果、树皮、冠形方面独具风姿，具有较高的观赏价值和绿化效果。楸树对二氧化硫、氯气等有毒气体有较强的抗性，能净化空气，是绿化城市、改善环境的优良树种。

凌霄

花语 慈母之爱，适合赠送母亲。

Campsis grandiflora (Thunb.) Schum.
紫葳科凌霄属

花期 5～8月 / 果期 8～10月

攀缘藤本。茎木质，以气生根攀附于他物之上。叶对生，为奇数羽状复叶，小叶卵形至卵状披针形。顶生疏散的短圆锥花序，花冠内侧鲜红色，外侧橙红色。蒴果顶端钝。

花大色艳，花期甚长，为庭院中棚架、花门的良好绿化材料；用于攀缘墙垣、枯树、石壁，均极适宜；点缀于假山间隙，繁花艳彩，更觉动人；经修剪、整枝等栽培措施，可做成灌木状栽培观赏；管理粗放、适应性强，是理想的城市垂直绿化材料。

PART 2
观果植物

花草时光系列

尽芳菲
身边的花草树木图鉴

Flowers and Trees
in Life

国槐

花语 悲凉，愁思。

Styphnolobium japonicum (L.) Schott
豆科槐属

花期 7～8月 / **果期** 8～10月

瞳瞳日脚晓犹清，细细槐花暖欲零。
坐阅诸公半廊庙，时看黄色起天庭。
——宋 苏轼

乔木。奇数羽状复叶，互生。圆锥花序顶生，蝶形花冠。荚果念珠状，成熟后不开裂。

枝叶茂密，绿荫如盖，常配植于公园、建筑四周、街坊住宅区及草坪上，是中国北方良好的城乡遮阴树和行道树种，为优良的蜜源植物。国槐还是防风固沙用材及经济林兼用的特色树种，对二氧化硫、氯气等有毒气体有较强的抗性。

知识拓展

古代汉语中槐与官相连。如槐鼎，比喻三公或三公之位，亦泛指执政大臣；槐位，指三公之位；槐卿，指三公九卿；槐兖，喻指三公；槐宸，指皇帝的宫殿；槐掖，指宫廷；槐望，指有声誉的公卿；槐绶，指三公的印绶；槐岳，喻指朝廷高官；槐蝉，指高官显贵；槐府，指三公的官署或宅第；槐第，是指三公的宅第。此外，唐代常以槐指代科考，考试的年头称槐秋，举子赴考称踏槐，考试的月份称槐黄。槐象征着三公之位，举仕有望，且“槐”“魁”相近，企盼子孙后代得魁星神君之佑而登科入仕。

山皂荚

花语 象征无私的奉献精神。

Gleditsia japonica Miq.
豆科皂荚属

花期 4～5月 / 果期 9～10月

落叶乔木。枝刺粗壮，基部扁。羽状复叶，互生，小叶卵状长圆形或卵状披针形。总状花序腋生，杂性花，黄白色。荚果，质薄而常扭曲，或呈镰刀状。

常用于干旱土坡，营造防护林。常在向阳山坡、谷地、溪边或路旁栽培。

杜仲

Eucommia ulmoides Oliver

杜仲科杜仲属

花期 4月 / 果期 10月

植物学特征

落叶乔木。树皮灰褐色，粗糙，内含橡胶，折断拉开有多数细丝。叶椭圆形、卵形或矩圆形，薄革质，边缘有锯齿。花生于当年枝基部，早春开花。翅果扁平，长椭圆形，基部楔形，周围具薄翅，坚果位于中央，稍突起，与果梗相接处有关节。种子扁平，线形，果实秋后成熟。

园林应用

树干端直，枝叶茂密，树形整齐优美，可供药用，为优良的经济树种，可作庭院林荫树或行道树。杜仲也被引种到欧美各地的植物园，被称为“中国橡胶树”。

知识拓展

杜仲是中国特有药材，其药用历史悠久，在临床有着广泛的应用。《神农本草经》谓其“主治腰膝痛，补中，益精气，坚筋骨，除阴下痒湿，小便余沥。久服，轻身耐老。”

迄今已在地球上发现杜仲属植物多达 14 种，后来相继灭绝。存在于中国的杜仲是杜仲科杜仲属仅存的孑遗植物，张家界被称为“杜仲之乡”，是世界上最大的野生杜仲产地。它不仅有很高的经济价值，而且对于研究被子植物系统演化以及中国植物区系的起源等诸多方面都具有极为重要的科学价值。现已作为稀有植物被列入《中国植物红皮书—稀有濒危植物》第一卷。

红豆杉

Taxus wallichiana var. *chinensis* (Pilg.) Florin
红豆杉科红豆杉属

花期 2～3月 / **果期** 10～11月

植物学特征

乔木。树皮灰褐色、红褐色或暗褐色，裂成条片脱落。叶排成两列，条形，微弯或较直。雄球花淡黄色。种子生于杯状红色肉质的假种皮中，或生于近膜质盘状的种托（即未发育成肉质假种皮的珠托）之上，常呈卵圆形。

园林应用

在园林绿化、室内盆景方面具有十分广阔的发展前景，如利用珍稀红豆杉树制作高档盆景。应用矮化技术处理的东北红豆杉盆景造型古朴典雅，枝叶紧凑而不密集，舒展而不松散，红茎、红枝、绿叶、红豆使其具有观茎、观枝、观叶、观果多重观赏价值。

知识拓展

红豆杉又称观音杉，红豆树，扁柏，卷柏。中国国家一级珍稀保护树种，是世界上公认的濒临灭绝的天然珍稀抗癌植物，是第四纪冰川遗留下来的古老树种，在地球上已有 250 万年的历史。同时被全世界 42 个有红豆杉的国家称为“国宝”，联合国也明令禁止采伐，是名副其实的“植物大熊猫”。由于在自然条件下红豆杉生长速度缓慢，再生能力差，所以很长时间以来，世界范围内还没有形成大规模的红豆杉原料林基地。

胡桃

Juglans regia L.

胡桃科胡桃属

花期 4～5月 / **果期** 9～11月

落叶乔木。树皮幼时灰绿色，老时灰白色而纵向浅裂。奇数羽状复叶。雌雄异花同株，雄花柔荑花序，雌花1～3朵聚生。

具有较高的营养价值，其根、茎、叶、果实都各有用途，全身是宝，是中国经济树种中分布最广的树种之一。

胡桃又称为核桃，核桃的故乡是亚洲西部的伊朗，汉代张骞出使西域后将核桃带回中国。按产地分类，有陈仓核桃、阳平核桃，野生核桃；按成熟期分类，有夏核桃、秋核桃；按果壳光滑程度分类，有光核桃、麻核桃；按果壳厚度分类，有薄壳核桃和厚壳核桃。

蜡梅

花语　高洁正直，慈爱善良，坚强独立，忠贞不屈。

Chimonanthus praecox (Linn.) Link
蜡梅科蜡梅属

花期 11月至翌年3月 / **果期** 4～11月

篱菊初残后，疏香忽傲霜。
一枝冲腊绽，紫瑰列金房。
——宋　洪适

落叶灌木，常丛生。单叶对生，叶片椭圆状卵形或卵状披针形，先端渐尖，全缘，表面粗糙。花着生于第二年生枝条叶腋内，先花后叶，芳香；花被片圆形，无毛，冬末先叶开花。

蜡梅是冬季赏花的理想名贵花木。它更广泛地应用于城乡园林建设。蜡梅在百花凋零的隆冬绽蕾，斗寒傲霜，表现了中华民族在强暴面前永不屈服的精神，给人以心灵的启迪和美的享受。它适合于庭院栽植，又适合作古桩盆景和插花与造型艺术。

小叶女贞

Ligustrum quihoui Carr.

木樨科女贞属

花期 5 ~ 7月 / 果期 8 ~ 11月

落叶灌木。叶片薄革质，形状和大小变异较大，披针形、长圆状椭圆形等。圆锥花序顶生。果倒卵形、宽椭圆形或近球形，呈紫黑色。

株型紧凑、圆整，庭院中常栽植观赏；抗多种有毒气体，是优良的抗污染树种。园林绿化中重要的绿篱材料，亦可作桂花、丁香等树的砧木。小叶女贞还是制作盆景的优良树种，它叶小、常绿，且耐修剪，生长迅速，盆栽可制成大、中、小型盆景；老桩移栽，极易成活，枝条柔嫩易扎定形，一般3～5年就能成形，极富自然野趣。

小叶女贞	小蜡
叶子上没有茸毛，比较光滑，叶片略厚一些，花梗不太明显	叶子上有一层细细的茸毛，叶片偏薄，花梗很明显
花期5～7月	花期5～6月
用作绿篱栽植	在庭院、池塘边、石头旁都可以栽植

小蜡

Ligustrum sinense

木樨科女贞属

花期 5～6月 / **果期** 9～12月

植物学特征

落叶灌木或小乔木。叶片纸质或薄革质，卵形、椭圆状卵形。圆锥花序顶生或腋生，塔形。果近球形。

园林应用

常植于庭院观赏，丛植在林缘、池边、石旁都可。规则式园林中常修剪成长、方、圆等几何形体；江南常作绿篱应用。

知识拓展

小蜡始载《植物名实图考》，曰：“小蜡树，湖南山阜多有之，高五六尺，茎叶花俱似女贞而小，结小青实甚繁。”又引《宋氏杂部》称：“水冬育叶细，利于养蜡子，亦即指此。”

雪柳

Fontanesia philliraeoides var. *fortunei* (Carr.) Koehne
木樨科雪柳属

花期 4 ~ 6月 / **果期** 6 ~ 10月

落叶灌木或小乔木。叶片纸质，披针形、卵状披针形或狭卵形。小枝淡黄色或淡绿色，四棱形或具棱角。圆锥花序顶生或腋生。果黄棕色。

叶形似柳，花白色，繁密如雪，故又称“珍珠花”，为优良观花灌木。可丛植于池畔、坡地、路旁、崖边或树丛边缘，颇具雅趣。

知识拓展

相传雪柳为郑和下西洋时带回来的植物，在南京静海寺中广为种植，形成了“散花成雨、植树干云”的壮观景象，甚至吸引了伟大的医学家李时珍前来考察。据周晖《金陵琐事》、王友亮《金陵杂吟》等书籍记载，雪柳具有预测天气、预告收成的神奇功效，故其花语为殊胜。虽经植物学家研究，这种功效实为人们的想象，但仍不失为一段有趣的逸闻。

白蜡

Fraxinus chinensis Roxb
木樨科梣属

花期 4 ~ 5月 / 果期 7 ~ 9月

落叶乔木。树皮灰褐色，纵裂。羽状复叶。圆锥花序顶生或腋生枝梢，花雌雄异株，钟状，无花冠。翅果匙形，常在一侧开口深裂。

根系发达，植株萌发力强，其干形通直，枝叶繁茂，树形美观；速生耐湿，耐瘠薄干旱，在轻度盐碱地也能生长，且抗烟尘、二氧化硫和氯气，是防风固沙、护堤护路和工厂、城镇绿化美化的优良树种。

白蜡	对节白蜡
树干从生长期就具有较深的纵裂	树皮呈深灰色，老干才会有纵裂
叶子比较大，叶色深绿，生长旺盛	叶子比较小，叶形秀丽，有一种柔美的感觉，它的叶片生长也比较密集
生长速度较快，生长期间需要合理修剪	生长速度比较缓慢，所以它能一直保持同一个造型

火棘

Pyracantha fortuneana (Maxim.) Li
蔷薇科火棘属

花期 3～5月 / **果期** 8～11月

植物学特征

常绿灌木。叶片倒卵形或倒卵状长圆形。花集成复伞房花序，花瓣白色。果实近球形，橘红色或深红色。

园林应用

火棘自然抗逆性强，病虫害少，在较差的建筑垃圾清除不彻底的环境中也可生长。适应性强，耐修剪，喜萌发，可作绿篱。火棘用作球形布置可以采取拼栽或截枝、放枝等修剪整形的手法，错落有致地栽植于草坪之上，点缀于庭院深处，红彤彤的火棘果使人在寒冷的冬天里有一种温暖的感觉。

知识拓展

火棘又叫“救军粮”。传说三国时诸葛亮领兵打仗，有一次军队被困山中，处于孤立无援、箭尽粮绝的境地。后来有士兵发现山野间有一片低矮植物，其上结有成簇的红彤彤的扁圆粒状果，经尝试，无毒，可供果腹，于是诸葛亮下令大量采集食用，终使军队度过艰危、反败为胜。这种果实从此得名“救军粮”。

山楂

Crataegus pinnatifida Bge.
蔷薇科山楂属

花期 5 ~ 6月 / **果期** 9 ~ 10月

楂梨且缀碧，梅杏半传黄。
小子幽园至，轻笼熟柰香。
——唐 杜甫

植物学特征 落叶乔木。伞房花序具多花，花瓣白色，花药粉红色。果实近球形或梨形，深红色，有浅色斑点。

园林应用 山楂可作绿篱和观赏树，树冠整齐，花繁叶茂，秋季硕果累累，经久不凋，颇为美观。幼苗可作山里红或苹果的砧木。

知识拓展

山楂别名山里红、山里果、红果、胭脂果，是中国特有的药果兼用观赏树种。果丹皮、酸梅汤、冰糖葫芦，主角都是山楂，炖肉的时候加一把山楂片，也可以让肉更快烂熟，而且炖出来的肉不那么油腻。山楂果干制成后也可入药，是健脾开胃、消食化滞的良药，很多健胃消食药物的成分都含有山楂。

缫丝花

Rosa roxburghii Tratt.
蔷薇科蔷薇属

花期 5～7月 / 果期 8～10月

植物学特征

灌木。小枝有成对皮刺。小叶有细锐锯齿，两面无毛，托叶大部分贴生于叶柄。花单生，花瓣重瓣至半重瓣，淡红或粉红色，花序离生。蔷薇果扁球形，外面密生针刺。

园林应用

花美丽，供观赏；枝干多刺，可作绿篱。产于安徽、浙江、福建、江西、湖北、湖南等地，野生或栽培。

知识拓展

缫丝花的果实又叫刺梨、山王果、刺莓果、刺菠萝等，是滋补养生的营养珍果，是一种稀有的果实。历史上有利用刺梨酿制刺梨酒的记载，最早始见于清道光十三年（公元 1833 年），吴嵩梁在《还任黔西》中提到："新酿刺梨邀一醉，饱餐香稻愧三年。"贝青乔的《苗俗记》载："刺梨一名送香归……味甘微酸，酿酒极香。"

榅桲

Cydonia oblonga Mill.
蔷薇科榅桲属

花期 4月 / **果期** 8～9月

乔木。小枝粗壮，微曲，二年生枝条褐灰色。叶片卵形至长卵形，上下两面或叶柄上均有白色柔毛。伞形总状花序，白色。果实卵球形或椭圆形，褐色，有稀疏斑点。

喜光，耐高温，同时也具有较强的抗寒性，可在冬季最低温度-25℃以上的地区栽植。榅桲实生苗可作苹果和梨类砧木；耐修剪，适合作绿篱。

榅桲又叫木梨，在欧洲、中亚及中国新疆是古老果树之一。榅桲在中亚和我国新疆地区自古以来都是作为果品生产栽培的。当前榅桲在各地栽培数量极少，在市场上视为珍品。榅桲常作为西洋梨的矮化砧木，与中国梨品种的亲和力不强，一般采用西洋梨作为中间砧木，上部嫁接中国梨品种，从而达到矮化栽培目的。

木瓜

Pseudocydonia sinensis (Thouin) C. K. Schneid.

蔷薇科木瓜属

花期 4月 / **果期** 9～10月

灌木或小乔木。树皮呈片状脱落。叶片椭圆卵形或椭圆长圆形，边缘有刺芒状尖锐锯齿。花单生于叶腋，花梗短粗，花瓣倒卵形，淡粉红色。果实长椭圆形，暗黄色，木质，味芳香，果梗短。

树姿优美，花簇集中，花量大，花色美，常被作为观赏树种，还可作海棠的砧木，或作为盆景在庭院或园林中栽培，具有城市绿化和园林造景功能。

知识拓展

国风 · 卫风 · 木瓜

投我以木瓜，报之以琼琚。匪报也，永以为好也！
投我以木桃，报之以琼瑶。匪报也，永以为好也！
投我以木李，报之以琼玖。匪报也，永以为好也！

王族海棠

Malus 'Royalty'
蔷薇科苹果属

花期 4月 / **果期** 6～12月

株型紧密，小枝暗紫。单叶互生，新叶红色，老叶绿色。叶片成熟时逐渐紫红透绿，全株以紫红色为主，11月上旬开始落叶。花深红色，开花繁密而艳丽。果实紫红色，6月就红艳如火，直到隆冬。

树姿优美，集观叶、观花、观果于一体。种植形式既可孤植、列植，又可片植、林植，景观效果好。花艳叶美，可在绿化中用作花篱栽培树种。叶色紫红，故可密植组成色块，也可与金叶女贞、珍珠绣线菊、小叶黄杨、金叶风箱果等配植成模纹花坛。

王族海棠的花、叶、果甚至枝干均为紫红色，是罕见的彩叶海棠品种。王族海棠原产于美国，目前在我国的西北、华北、华南都有栽培，主要用于旱地栽培。

乳茄

花语 老少安康，金银无缺，寄托人们的美好心愿。

Solanum mammosum L.

茄科茄属

花期 夏秋 / **果期** 夏秋

直立草本。叶卵形，宽几乎与长相等，常 5 裂，有时 3 ～ 7 裂；萼近浅杯状，外被极长具节的长柔毛及腺毛。花冠紫色。浆果倒梨形，外面土黄色，内面白色，具 5 个乳头状突起。

果实基部有乳头状突起，或乳状头，或如手指，或像牛角。果形奇特，观果期达半年，果色鲜艳，是一种珍贵的观果植物，在切花和盆栽花卉上广泛应用。

在民间，乳茄是一种代表吉祥的植物，象征五福临门、金玉满堂、富贵发财，因此又名五代同堂，寓意子孙繁衍不息、代代相传。人们常把乳茄果实摆在神案上作为供品。

Morus alba L.
桑科桑属

花期 4～5月 / **果期** 5～8月

燕草如碧丝，秦桑低绿枝。
——唐 李白

乔木或灌木。叶卵形或广卵形。花单性，与叶同时生出，雄花序下垂，雌花无梗，花被片倒卵形，顶端圆钝，外面和边缘被毛，两侧紧抱子房，无花柱，内面有乳头状突起。聚花果，卵状椭圆形，成熟时呈红色或暗紫色。

树冠宽阔，树叶茂密，秋季叶色变黄，颇为美观，且能抗烟尘及有毒气体，适用于城市、工矿区及农村四旁绿化。适应性强，为良好的绿化及经济树种。

我国是世界上种桑养蚕最早的国家。种桑养蚕也是中华民族对人类文明的伟大贡献之一。桑树的栽培历史已有七千多年。在商代，甲骨文中已出现桑、蚕、丝、帛等字形。到了周代，采桑养蚕已是常见农活。春秋战国时期，桑树已成片栽植。我国古代人们有在房前屋后栽种桑树和梓树的传统，因此常把“桑梓”代表故土、家乡。

构树

Broussonetia papyrifera

桑科构属

花期 4～5月 / 果期 6～7月

落叶乔木。树皮平滑，不易裂，全株含乳汁，小枝密生柔毛。叶先端渐尖，基部心形，两侧常不相等。花雌雄异株，雄花序为柔荑花序，花药近球形，雌花序球形头状。聚花果，成熟时为橙红色。

构树具有速生、适应性强、分布广、易繁殖、热量高、轮伐期短的特点。能抗二氧化硫、氟化氢和氯气等有毒气体，可用作荒滩、偏僻地带及污染严重的工厂绿化树种，也可用作行道树。

构树的叶子很宽大，上面还有细小的茸毛；枝条、叶柄折断会有白色似乳汁一样的液体流出来。果实长得更有特色，像极了杨梅，开始是绿色的，成熟后就是橙红色的，因此有“假杨梅”的称号。

毛梾

Cornus walteri Wangerin

山茱萸科山茱萸属

花期 5月 / **果期** 9月

落叶乔木。树皮厚，黑褐色，纵裂而又横裂呈块状。幼枝对生，绿色，略有棱角，密被贴生灰白色短柔毛，老后黄绿色。叶对生，纸质。伞房状聚伞花序顶生，核果球形。

毛梾是园林绿化、荒山造林、木本油料、生物质能源等于一体的多功能乡土树种。木材坚硬，纹理细密、美观，可作家具、车辆、农具等取材用。毛梾在园林绿化中有两种用途，一种是行道树，一种是景观树或庭荫树。

毛梾又名车梁木。据说孔子周游列国时需要长途跋涉，车梁换了一根又一根，但很快就坏掉，后来换了一种很坚硬的木材，车梁就一直没有坏，这种木材就是毛梾。2014 年 12 月毛梾被中国花卉报列为北京深度挖掘的乡土树种，其果实含油量可达 27% ~ 38%，供食用或作高级润滑油，油渣可作饲料和肥料。

石榴

Punica granatum L.
石榴科石榴属

花期 5～6月 / 果期 9～10月

榴枝婀娜榴实繁，榴膜轻明榴子鲜。
可羡瑶池碧桃树，碧桃红颊一千年。
——唐 李商隐

落叶灌木或小乔木。树干呈灰褐色，上有瘤状突起，干多向左方扭转。叶对生或簇生，呈长披针形至长圆形。花两性，花瓣倒卵形；花多红色，也有白和黄、粉红、玛瑙等色。子房成熟后变成大型而多室、多籽的浆果，每室内有多数籽粒；外种皮肉质，呈鲜红、淡红或白色，多汁，甜而带酸，即为可食用的部分，内种皮为角质。

树姿优美，枝叶秀丽。初春嫩叶抽绿，婀娜多姿；盛夏繁花似锦，色彩鲜艳；秋季累果悬挂。孤植或丛植于庭院、游园之角，对植于门庭之出处，列植于小道、溪旁、坡地、建筑物之旁，也可做成各种桩景或供瓶插花观赏。

知识拓展

自古以来，石榴就是吉祥的代表，它象征多子多福。唐代，流行结婚赠石榴的礼仪，并开始流传“石榴仙子”的神话故事。宋代人还用石榴果裂开时内部的种子数量，来占卜预知科考上榜的人数，久而久之，“榴实登科”一词流传开来，寓意金榜题名。明清时，因中秋正是石榴上市季节，于是又有了“八月十五月儿圆，石榴月饼拜神仙”的民俗。

栾树

Koelreuteria paniculata Laxm.

无患子科栾树属

花期 6～8月 / 果期 9～10月

植物学特征

落叶乔木或灌木。树皮灰褐色至灰黑色，老时纵裂，皮孔明显。叶丛生于当年生枝上，平展；一回、不完全二回或偶有二回奇数羽状复叶，边缘有不规则的钝锯齿。聚伞圆锥花序，花淡黄色，花瓣 4 枚，开花时向外反折，线状长圆形。蒴果三角状卵形。

园林应用

耐寒耐旱，适应性强。季相明显，春季嫩叶多为红叶，夏季黄花满树，入秋叶色变黄，果实红色或橘红色，形似灯笼，十分美丽。春季观叶，夏季观花，秋冬观果，是理想的绿化、观赏树种，适合作庭荫树、行道树及园景树，栾树也是适合工业污染区配植的好树种。

黄山栾树	栾树
二回奇数羽状复叶，互生，小叶全缘7～9枚	一回奇数羽状复叶，少有二回奇数羽状复叶，小叶10～17枚，叶片边缘有不规则的锯齿
花期8～9月，果期10～11月	花期6～8月，果期9～10月
稍耐寒	极耐寒

悬铃木

Platanus acerifolia

悬铃木科悬铃木属

花期 4～5月 / 果期 9～10月

植物学特征

落叶大乔木。单叶互生，叶大，3～5掌状分裂，边缘有不规则尖齿和波状齿，有柄下芽。树皮灰绿或灰白色，不规则片状剥落，光滑。头状花序球形，球果下垂，通常1球、2球、3球一串。

园林应用

枝条开展，树冠广阔，适应性强，又耐修剪，是世界著名的优良庭荫树和行道树。在园林中孤植于草坪或旷地，列植于通道两旁，尤为雄伟壮观。又因其对多种有毒气体抗性较强，并能吸收有害气体，作为街道、厂矿绿化也颇为合适，被广泛应用于城市绿化。

知识拓展

悬铃木，是悬铃木属植物的通称。国内悬铃木一般包括一球悬铃木（美国梧桐）、二球悬铃木（英国梧桐）、三球悬铃木（法国梧桐）三种，常被误叫称为“法国梧桐”。

传说当年宋美龄特别喜欢法国梧桐，蒋介石特意从法国引进两万棵法国梧桐，从美龄宫一路种到中山北路，种成一串宝石项链的效果，送给爱人做礼物。

朴树

花语 朴实。

Celtis sinensis Pers.
榆科朴属

花期 3～4月 / **果期** 9～10月

乔木。叶互生，叶片革质，基部圆形或阔楔形，偏斜，三出脉。花杂性（两性花和单性花同株）。核果近球形，果成熟时红褐色。

朴（pò）树是行道树品种，主要用于道路绿化。在园林中孤植于草坪或旷地，列植于街道两旁，尤为雄伟壮观，又因对二氧化硫、氯气等多种有毒气体抗性较强，吸滞粉尘的能力较强，用于城市及工矿区、广场、校园绿化颇为合适。绿化效果体现速度快，移栽成活率高，造价低廉。

枸橘

Poncirus trifoliata (L.) Raf

芸香科枳属

花期 5～6月 / **果期** 10～11月

小乔木。枝绿色，嫩枝扁，有纵棱，刺尖干枯状，红褐色，基部扁平。花瓣白色，一般先叶开放，也有先叶后花的。果近圆球形或梨形，微有香橼气味，甚酸且苦，带涩味。

多用作屏障和绿篱，植于大型山石旁也很适合。既可赏春季白花、秋季黄果，又可赏冬季绿色枝条。

朱砂根

Ardisia crenata Sims

紫金牛科紫金牛属

花期 5 ~ 6月 / 果期 10 ~ 12月

植物学特征

灌木。茎粗壮，叶片革质或坚纸质，椭圆形、椭圆状披针形至倒披针形，基部楔形，边缘具皱波状或波状齿，两面无毛。伞形花序或聚伞花序，着生于花枝顶端；花瓣白色，盛开时反卷。核果圆球形，如豌豆大小，开始淡绿色，成熟时鲜红色。

园林应用

朱砂根又名金玉满堂、黄金万两。果实繁多，挂果期长，鲜红艳丽，与绿叶相映成趣，极为美观，具有极大的观赏价值；另有白色或黄色种，是适于室内盆栽观赏的优良观果植物。

知识拓展

朱砂根的株形美观，小巧玲珑，叶密滴翠，果实红色，晶莹剔透，在绿叶遮掩下相映成趣，煞是好看，而且耐阴和挂果期长（1~6 月），适值春节上市，并被人们命以具有好意头的别称——“黄金万两”“红运当头”“富贵籽”，惹人喜爱，象征喜庆吉祥，多作为结婚、开业、乔迁庆贺用的首选花卉。一般均能作药用。李时珍曾描述道：“朱砂根，生深山中，今惟太和山人采之。苗高尺许，叶似冬青叶，背甚赤，夏月长茂，根大如箸，赤色，此与百两金仿佛。”

梓

Catalpa ovata G. Don.

紫葳科梓属

花期 6～7月 / **果期** 8～10月

维桑与梓，必恭敬止。靡瞻匪父，靡依匪母。

——先秦 佚名

落叶乔木。叶对生或近于对生，有时轮生，叶阔卵形，长宽相近，叶片上面及下面均粗糙。圆锥花序顶生，花冠钟状，浅黄色。蒴果线形，下垂，深褐色，冬季不落。

树体端正，冠幅开展，叶大荫浓，春夏满树白花，秋冬荚果悬挂，形似挂着蒜薹，因此也叫蒜薹树，是具有一定观赏价值的树种。该树为速生树种，可作行道树、庭荫树以及工厂绿化树种。

知识拓展

在汉语中，“桑梓”一词经常被人们用来代称“故乡、乡下”。东汉张衡在其《南都赋》一文中曰：“永世友孝，怀桑梓焉；真人南巡，睹归里焉。”在古代，桑树和梓树与人们衣、食、住、用有着密切的关系，古人经常在自己家的房前屋后植桑栽梓，而且人们对父母先辈所栽植的桑树和梓树也往往心怀敬意。

PART 3
观叶植物

花草时光系列

尽芳菲
身边的花草树木图鉴

Flowers and Trees
in Life

侧柏

Platycladus orientalis（L.) Franco
柏科侧柏属

花期 3～4月 / **果期** 10月

乔木。树皮薄，浅灰褐色，纵裂成条片；枝条向上伸展或斜展，幼树树冠卵状尖塔形，老树树冠则为广圆形；生鳞叶的小枝扁平，排成一平面。雄球花黄色，卵圆形；雌球花近球形。球果近卵圆形，成熟前近肉质，蓝绿色，被白粉，成熟后木质，开裂呈红褐色。

侧柏在园林绿化中有着非常重要的地位。侧柏配植于草坪、花坛、山石、林下，可增加绿化层次，丰富观赏美感。耐污染，耐严寒，耐干旱，适合北方绿化。成本低廉，移栽成活率高，货源广泛，是绿化道路、荒山的首选苗木之一。

侧柏是中国应用最广泛的园林绿化树种之一，自古以来就常栽植于寺庙、陵墓和庭院中。如在北京天坛，大片的侧柏和桧柏与皇穹宇、祈年殿的汉白玉栏杆以及青砖石路形成强烈的烘托，充分地突出了主体建筑，明确地表达了主题思想。

洒金柏

Juniperus chinensis 'Aurea'
柏科侧柏属

花期 3 ~ 4 月 / **果期** 10 ~ 11 月

植株低矮，窄圆锥状树冠。鳞形叶，淡黄绿色，覆盖全株，入冬略转褐色。

中国北方应用最广、栽培观赏历史最久的园林树种。其树冠浑圆丰满，酷似绿球，叶色金黄，仿佛金纱笼罩，群植中混栽一些观叶树种。洒金柏是一种彩叶树种，观赏价值极佳，对空气污染有很强的耐力，因此常用于城市绿化，种植于市区街心、路旁等地。

洒金柏	黄金柏
柏科侧柏属	柏科圆柏属
植株比较低矮，树冠圆润，近乎球形	直立灌木，高度可达 5.5 米，成龄树如同绿巨人一般，树形高大、端正
作隔离带，或搭配其他色块作绿篱栽植	主要作行道树

圆柏

Sabina chinensis (L.) Ant.
柏科圆柏属

花期 4月 / **果期** 翌年11月

植物学特征

树冠尖塔形。壮龄树兼有刺叶与鳞叶，刺叶生于幼树之上，老龄树则全为鳞叶。雌雄异株。球果近圆球形，两年成熟。种子卵圆形。

园林应用

树形优美，姿态奇特，可以独树成景，是中国传统的园林树种。耐修剪又有很强的耐阴性，故作绿篱比侧柏优良，下枝不易枯，冬季颜色不变褐色或黄色，且可植于建筑之北侧背阴处。作绿篱、行道树，还可以作桩景、盆景材料。

知识拓展

圆柏称桧，自古已然。桧，古一名栝（guā）。我国早在公元前就有关于桧（圆柏）公布、利用、栽培的记载。在西周的附属国“桧”中，圆柏被认为是国家的名字，西周时期由于附属国的分裂，它被称为“杜松柏”。在《诗经》中，也有“其枝叶乍松乍柏，一枝之间屡变。”当幼树还小的时候，松柏的叶子是针叶。随着树龄的增长，针叶逐渐被鳞片叶所取代。

龙柏

Sabina chinensis 'Kaizuca'
柏科圆柏属

花期 3 ~ 4 月 / **果期** 10 ~ 11 月

植物学特征

乔木。树皮深灰色，纵裂，成条片开裂。幼树的枝条通常斜向上伸展，形成尖塔形树冠，老树则下部大枝平展，形成广圆形的树冠。小枝密集，叶密生，全为鳞叶，幼叶淡黄绿色，老叶为翠绿色。

园林应用

树形优美，枝叶碧绿青翠，公园篱笆绿化首选苗木，多被种植于庭院。也被应用于公园、绿墙和高速公路中央隔离带。龙柏移栽成活率高，恢复速度快，是园林绿化中使用较多的灌木。

知识拓展

龙柏又名刺柏、红心柏、珍珠柏等，是圆柏的栽培变种。龙柏长到一定高度，枝条螺旋盘曲向上生长，好像盘龙姿态，故名“龙柏”。

乌桕

Triadica sebifera (L.) Small

大戟科乌桕属

花期 4～8月

乔木，树皮暗灰色，有纵裂纹。叶互生，纸质，叶片菱形、全缘。花单性，雌雄同株，聚集成顶生。蒴果梨状球形，成熟时黑色。种子扁球形，黑色，外被白色、蜡质的假种皮。

树冠整齐，叶形秀丽，秋叶经霜时如火如荼，与亭廊、花墙、山石等相配，非常协调。可孤植、丛植于草坪和湖畔、池边，在园林绿化中可作护堤树、庭荫树及行道树。

乌桕，以乌喜食而得名。俗名木子树，五月开细黄白花。宋代林逋诗："巾子峰头乌桕树，微霜未落已先红。"深秋，叶子由绿变紫、变红，有"乌桕赤于枫，园林二月中"之赞名。冬日白色的乌桕果实挂满枝头，经久不凋，也颇美观，古时就有"偶看桕树梢头白，疑是江海小着花"的诗句。

变叶木

花语 变幻无常，变色龙。

Codiaeum variegatum (L.) A. Juss
大戟科变叶木属

花期 9 ~ 10月

植物学特征 叶薄，革质，形状大小变化很大。基部楔形，两面无毛，绿色、淡绿色、紫红色、紫红与黄色相间，绿叶上散生黄色或金黄色斑点或斑纹。总状花序腋生，雄花白色；雌花淡黄色，无花瓣；花梗稍粗。蒴果近球形。

园林应用 变叶木是一种珍贵的热带观叶植物。变叶木因在其叶形、叶色上变化显示出色彩美、姿态美，深受人们喜爱，华南地区多用于公园、绿地和庭院美化，既可丛植，也可作绿篱；在长江流域及以北地区均作盆花栽培，装饰房间、厅堂和布置会场。其枝叶是插花理想的配叶材料。

一品红

花语 普天同庆，共祝新生。

Euphorbia pulcherrima Willd. ex Klotzsch
大戟科大戟属

花期 10月至翌年4月 / 果期 10月至翌年4月

植物学特征

灌木植物。叶互生，卵状椭圆形、长椭圆形或披针形，绿色，边缘全缘或浅裂或波状浅裂。苞叶朱红色，数个聚伞花序排列于枝顶。蒴果。

园林应用

颜色鲜艳，观赏期长，又值圣诞、元旦、春节期间苞叶变色，具有良好的观赏效果。暖地植于庭院点缀，具有画龙点睛之效。此花很适合室内布置，门厅、会场、家庭等大小场合均可。

知识拓展

相传古时候，在墨西哥南部有一个村庄，土地肥沃，水源充足，农牧业甚为兴旺，人们过着安居乐业的生活。有一年夏季，突发泥石流，一块巨石把水源切断，造成该地区严重缺水，土地干裂。这时村庄里有一个名叫波尔切里马的勇士，不顾个人安危，凿石取水，夜以继日，终于将巨石凿开，清泉像猛虎般冲出，波尔切里马由于疲劳过度，被水冲走，人们到处寻找，未见人影。时间一天天过去，一天，一个放牧人在水边发现一株顶叶鲜红的花，格外美丽。这事惊动了村庄百姓，村民发现：这花很像生前穿着红上衣的波尔切里马。为了纪念舍身取水之人，就将此花命名为“波尔切里马花”，也就是我们今天熟识的“一品红”。

龙爪槐

Styphnolobium japoniam 'Pendula'
豆科槐属

花期 7 ~ 8月 / **果期** 8 ~ 10月

乔木。树皮灰褐色，具纵裂纹。羽状复叶，小叶对生或近互生，纸质，卵状披针形或卵状长圆形。圆锥花序顶生，常呈金字塔形，蝶形花冠，白色或淡黄色。荚果串珠状。

适应性强，对土壤要求不严，较耐瘠薄，且姿态优美，开花季节，米黄花序布满枝头，似黄伞蔽目，观赏价值极高，是优良的园林树种。常作为门庭或道旁树，或植于草坪中作观赏树，适合孤植、对植、列植。

知识拓展

北京最早以龙命名的胡同和街巷，可以追溯到唐朝。龙爪槐胡同就是因唐代的龙树寺而得名。当时兴诚寺内有一棵大槐树，而树的形状如同龙爪一般，于是就改名为龙树寺。到了清末，街巷也以龙爪槐命名，龙爪槐胡同一直保持至今。

蝴蝶槐

Sophora japonica f. *oligophylla*
豆科槐属

花期 6 ~ 8月 / **果期** 9 ~ 11月

中等乔木，又名七叶槐（五叶槐）、畸叶槐，为国槐的变种。小叶聚生，状如蝴蝶，姿态奇特，是我国园林中的珍贵树种。花黄绿色。果绿色。

耐烟尘，能适应城市街道环境，对二氧化硫、氯气、氯化氢均有较强的抗性。木材坚韧、稍硬，耐水湿，富有弹性，可供建筑、车辆、家具、造船、农具、雕刻等用。

北京元代古刹柏林寺，其后院维摩阁前就有一株高大古槐，因其叶由七片簇成一束，故名“七叶槐”。因微风吹过，叶片簇簇摇动，似飞舞的蝴蝶，因此又名“蝴蝶槐”。这株槐树于清乾隆年间重修该寺时种植，距今已有三百多年历史，是北京的古七叶槐之最。此外，在西四广济寺后院舍利阁前，也有一棵清代的七叶槐，是该寺的“三宝”（方缸、铁井、七叶槐）之一。在景山公园的东门内还有一棵五叶槐，叶缘椭圆，是另一种蝴蝶槐。

黄金槐

Sophora japonica 'Golden Stem'
豆科槐属

花期 5～8月 / 果期 8～10月

落叶乔木。一年生枝春季为淡黄绿色，入冬后渐转黄色，二年生枝和树干为金黄色，树皮光滑。树干直立，树形自然开张，树态苍劲挺拔，树繁叶茂。叶互生，羽状复叶，椭圆形，光滑，淡黄绿色。

在园林绿化中用途颇广，是道路、风景区等区域园林绿化的彩叶树种之一。黄金槐不仅具有四季景观观赏价值，且因生态学特性使其在与其他树种混交中可以提高群体的稳定性，具有良好的成景作用。

黄金槐	金叶槐
枝条金黄色，叶片淡黄绿色	枝条绿色，叶片金黄色
观赏期为一年四季	观赏期为春夏秋三季

紫藤

Wisteria sinensis (Sims) DC.
豆科紫藤属

花期 4 ~ 5月 / 果期 5 ~ 8月

落叶藤本。茎右旋，枝较粗壮。奇数羽状复叶。花冠紫色，蝶形花冠。荚果，悬垂枝上不脱落。

长寿树种，民间极喜种植，成株的茎蔓蜿蜒屈曲，开花繁多，花序悬挂于绿叶藤蔓之间，瘦长的荚果迎风摇曳。在庭院中用其攀绕棚架，制成花廊，或用其攀绕枯木，有枯木逢生之意。紫藤对二氧化硫和硫化氢等有害气体有较强的抗性，对空气中的灰尘有吸附能力，其在绿化中已得到广泛应用，尤其在立体绿化中发挥着举足轻重的作用。

李白曾有诗云："紫藤挂云木，花蔓宜阳春。密叶隐歌鸟，香风留美人。"暮春时节，正是紫藤吐艳之时，一串串硕大的花穗垂挂枝头，紫中带蓝，灿若云霞，灰褐色的枝蔓如龙蛇般蜿蜒。古往今来的画家都爱将紫藤作为花鸟画的好题材，如朱宣咸创作有中国画《紫藤双燕》等。

合欢

花语 夫妻和睦，家人团结，对邻居心平气和，友好相处。

Albizzia julibrissin Durazz.

豆科合欢属

花期 6～7月 / **果期** 8～10月

惆怅彩云飞，碧落知何许？
不见合欢花，空倚相思树。
——清 纳兰性德

落叶乔木。二回羽状复叶，互生，先端锐尖，基部截形，全缘。头状花序多数，呈伞房状排列，粉红色。荚果扁平带状，黄褐色。

树冠开阔，叶纤细如羽，花朵鲜红，是优美的庭荫树和行道树，适合植于房前屋后及草坪、林缘。对有毒气体抗性强，可用作园景树、行道树、风景区造景树、滨水绿化树、工厂绿化树和生态保护树等。

海桐

花语　记住我，学会自重，学会感恩。

Pittosporum tobira (Thunb.) Ait.
海桐科海桐属

花期 5月 / 果期 10月

常绿灌木或小乔木。叶集枝顶生，革质，全缘，先端圆或钝，基部楔形。伞房花序生于枝顶，花有香气，花瓣5枚，初开时白色，后变黄。蒴果球形。

枝叶茂密，下枝覆地，四季碧绿，叶色光亮，自然生长呈圆球形，叶色浓绿有光泽，经冬不凋。初夏花朵清丽芳香，入秋果熟开裂时露出红色种子，颇美观，为著名的观叶、观果植物。海桐抗二氧化硫等有害气体的能力强，为环保树种，用作海岸防潮林、防风林及厂矿区绿化树种，并适宜作为城市隔噪声和防火林带树种。

锦熟黄杨

Buxus sempervirens Linn.

黄杨科黄杨属

花期 4月 / **果期** 7月

常绿灌木或小乔木。小枝密集，四棱形，具柔毛。叶椭圆形至卵状长椭圆形，先端钝或微凹，全缘，表面深绿色，有光泽。花簇生叶腋，淡绿色，花药黄色。蒴果三脚鼎状，熟时黄褐色。

枝叶茂密，叶厚有光泽，可作绿篱或布置成花坛、盆景，也可孤植、丛植在草坪、建筑周围、路边，也可点缀山石。对多种有毒气体抗性强，能净化空气，是工矿区绿化的重要材料。

大叶黄杨

Buxus megistophylla Levl.
黄杨科黄杨属

花期 6～7月 / 果期 9～10月

常绿灌木或小乔木。小枝近四棱形。单叶对生，叶片厚革质，倒卵形，先端钝尖，边缘具细锯齿，基部楔形或近圆形。聚伞花序腋生。蒴果扁球形，淡红色。种子棕色，有橙红色假种皮。

大叶黄杨是优良的园林绿化树种，可栽植绿篱及背景种植材料，也可单株栽植在花境内，将它们修剪成低矮的巨大球体，相当美观，更适用于规则式的对称配植。

别名万年青、大叶卫矛、冬青卫矛。由于长期栽培，叶形大小及叶面斑纹等发现变异，有多数园艺变种，如金边黄杨、银边黄杨等。

香椿

Toona sinensis (A. Juss.) Roem

楝科香椿属

花期 6 ~ 8月 / **果期** 10 ~ 12月

落叶乔木。叶呈偶数羽状复叶。圆锥花序，两性花，白色，雌雄异株。蒴果，种子翅状。

香椿为华北、华中、华东等地低山丘陵或平原地区的重要用材树种，又为观赏及行道树种。园林中配植于疏林，作上层骨干树种，其下栽以耐阴花木。

古代称香椿为椿，称臭椿为樗。香椿树的嫩芽被称为“树上蔬菜”。每年春季谷雨前后发芽，可做成各种菜肴。不仅营养丰富，且具有较高的药用价值。早在汉朝，食用香椿曾与荔枝一起作为南北两大贡品，深受皇上及宫廷贵人的喜爱。苏轼盛赞：“椿木实而叶香可啖。”一般人群都可以食用香椿，但香椿为发物，慢性疾病患者应少食或不食。

臭椿

Ailanthus altissima (Mill.) Swingle

苦木科臭椿属

花期 4～5月 / **果期** 8～10月

落叶乔木。树皮灰白色或灰黑色，平滑，稍有浅裂纹。奇数羽状复叶，小叶卵状披针形，基部偏斜，中上部全缘，近基部有1～2对粗锯齿，齿顶有腺点，有臭味。圆锥花序顶生。翅果长椭圆形。种子位于翅的中间，扁圆形。

臭椿树干通直高大，春季嫩叶紫红色，秋季红果满树，颇为美观，是良好的观赏树和行道树。在园林中，常用臭椿作红叶椿的砧木。

臭椿	香椿
苦木科臭椿属	楝科香椿属
奇数羽状复叶，近基部有 1 ~ 2 对粗锯齿，齿顶有圆盘形腺点	偶数羽状复叶
叶有异臭	叶有浓香
树干表面较光滑，不裂	呈条块状剥落
翅果	蒴果

罗汉松

花语　吉祥，招财，长寿。

Podocarpus macrophyllus (Thunb.) Sweet
罗汉松科罗汉松属

花期　4～5月　/　果期　8～9月

植物学特征

常绿乔木，通常会修剪以保持低矮。叶为线状披针形，全缘，有明显中肋，螺旋互生。雄花圆柱形，3～5个簇生在叶腋，雌花单生在叶腋。种托大于种子，种托成熟呈红紫色，球果上鳞片在种子成熟时发育为紫红色，假种皮形似浆果。

园林应用

满树紫红点点，颇富奇趣。适合孤植作庭荫树，或对植、孤植于厅、堂前。特别适用于海岸美化及工厂绿化等。短叶小罗汉松因叶小枝密，制作盆栽或一般绿篱用，很美观。矮化及斑叶品种是作桩景、盆景的极好材料。

知识拓展

传说古印度的龙王用洪水淹没那竭国之后，将佛经藏于龙宫之中。后来释迦牟尼的“十大弟子”之一迦叶尊者降伏了作妖的龙王，取回佛经立了大功，故被奉为“降龙罗汉”。降龙罗汉历经1420年的修炼，始终未能修成正果。经观音大士指点，下凡普渡众生，了结尘缘，终得正果。在入定前，佛陀传两株扶持正法的松树于传衣寺门前，代替降龙罗汉永驻世间。深受降龙罗汉恩惠的凡人们，便将其命名为“罗汉松”。

非洲茉莉

花语　朴素自然，清净纯洁。

Fagraea ceilanica Thunb.
马钱科灰莉属

花期 4～8月 / 果期 7月至翌年3月

植物学特征

常绿灌木或小乔木。叶对生，椭圆形，先端突尖，全绿，革质。夏季开花，伞形花序，花冠长管状，五裂，白色，蜡质。

园林应用

适用于盆栽、蔓篱或荫棚，分枝茂密，枝叶均为深绿色，花大而芳香，花形优雅，观赏价值很高。盆栽种植用于家庭、商场、宾馆、办公室等室内绿化美化装饰。

知识拓展

非洲茉莉原产于我国南部及东南亚等国，原名华灰莉木。由于华灰莉木的谐音与茉莉相似，也为了使名字好听，便于销售，所以花商给它起了个新名字“非洲茉莉”。

广玉兰

Magnolia grandiflora L.
木兰科木兰属

花期 5 ~ 8 月 / 果期 9 ~ 10 月

植物学特征

常绿乔木。树皮淡褐色或灰色，薄鳞片状开裂；芽和小枝有锈色柔毛。叶厚革质，倒卵状长椭圆形，叶面深绿色，有光泽，叶背有铁锈色短柔毛。花白色，有芳香，花被 9 ～ 12 片。聚合果圆柱状，蓇葖背裂；种子红色。

园林应用

在园林应用中，将广玉兰与红叶李间植，并配以桂花、海桐球等，在空间上有层次感，色相上有丰富感，能够产生一种和谐的韵律感和美感。其对二氧化硫等有毒气体有较强抗性，可用于净化空气，保护环境。适合孤植在宽广开阔的草坪上或配植成观赏的树丛。

知识拓展

广玉兰，别名洋玉兰、荷花玉兰。四季常青，叶厚而有光泽，花大而香，其聚合果成熟后，蓇葖开裂，露出鲜红色的种子，颇为美观。北京大觉寺、颐和园、碧云寺等处均配植于古建筑间，与西式建筑也极为协调，故在西式庭院中较为适用。

鹅掌楸

花语 承诺，信用。

Liriodendron chinense（Hemsl.）Sarg.
木兰科鹅掌楸属

花期 5月 / **果期** 9～10月

落叶乔木。叶呈马褂状，两侧中下部各具1较大裂片。花杯状，花被片9片，外轮绿色，萼片状，向外弯垂，内2轮直立，花瓣状，侧卵形，绿色。聚合果。

花大而美丽，是珍贵的行道树和庭院观赏树种。它生长快，耐旱，对病虫害抗性极强，栽种后能很快成荫，亦可作庭荫树和行道树。对二氧化硫等抗性中等，可在大气污染较严重的地区栽植。

鹅掌楸又名马褂木，英文名“Chinese Tulip Tree”，意为“中国的郁金香树”。鹅掌楸是古老的孑遗植物，化石证据表明在中生代白垩纪时的日本、格陵兰岛、意大利、法国有该属植物的分布，到新生代第三纪时鹅掌楸属植物还有10余种，广布于北半球温带地区，而经历了第四纪的冰期之后，该属大部分植物都灭绝了，只有两种存活下来，即鹅掌楸及北美鹅掌楸。

发财树

Pachira macrocarpa

木棉科瓜栗属

花期 4 ~ 5月 / **果期** 9 ~ 10月

植物学特征

常绿乔木，掌状复叶。花瓣条裂，花色有红、白或淡黄，色泽艳丽。

园林应用

庭院或室内当作装饰盆栽，由于其耐阴性强，种植在室内等光线较差的环境下亦能生长，加上其外形优雅，稍加装饰就成为人见人爱的发财树，因此更成为逢年过节居家摆饰的宠儿。

女贞

Ligustrum Lucidum Ait.
木樨科女贞属

花期 6 ~ 7月 / 果期 10 ~ 12月

植物学特征

灌木或小乔木。树皮灰褐色，疏生圆形皮孔。叶片革质，卵状披针形或长卵形。圆锥花序疏松，顶生或腋生。果椭圆形或近球形，常弯生，蓝黑色或黑色，有白粉。

园林应用

树冠圆整优美，树叶清秀，四季常绿，夏日白花满树，秋季硕果累累，是一种很有观赏价值的园林树种。其叶片大，阻滞尘土能力强，能净化空气，改善空气质量，对多种有毒气体抗性较强，且适应性强，可作为工矿区的抗污染树种。可孤植、丛植于庭院草地观赏，也是优美的行道树和园路树。耐修剪，可作为高篱，也可修剪成绿墙。

知识拓展

木材带白色，纹理致密，容易加工，适合作为细木工用材，是制烙花筷原料之一。

桂花

花语　崇高，美好，吉祥，友好，忠贞之士和芳直不屈，仙友，仙客。

Osmanthus fragrans
木樨科木樨属

花期 9月至10月上旬 / **果期** 翌年3月

常绿乔木或灌木。叶片革质，椭圆形、长椭圆形或椭圆状披针形。聚伞花序簇生于叶腋，花冠黄白色、淡黄色、黄色或橘红色。

叶茂而常绿，树干端直，树冠圆整，四季常青，花期正值仲秋，香飘数里，是人们喜爱的传统园林花木。于庭前对植两株，即“两桂当庭”，是传统的配植手法。园林中常将桂花植于道路两侧，假山、草坪、院落等地也多有栽植，形成“桂花山”“桂花岭”，秋末浓香四溢，香飘十里，也是极好的景观；与秋色叶树种同植，有色有香，是点缀秋景的极好树种。淮河以北地区常桶栽、盆栽，布置会场、大门。

据文字记载，中国桂花树栽培历史达2500年以上。春秋战国时期的《山海经·南山经》提到招摇之山多桂。《山海经·西山经》提到皋涂之山多桂木。屈原的《九歌》记有“操余弧兮反沦降，援北斗兮酌桂浆。”《吕氏春秋》中盛赞：“物之美者，招摇之桂。”诗仙李白赞美桂花在瑟瑟秋风中展现独有的葱郁与芬芳：“安知南山桂，绿叶垂芳根。清阴亦可托，何惜树君园。”由此可见，自古以来，桂花就受人喜爱。

七叶树

花语　生意兴隆，财源滚滚。

Aesculus chinensis Bunge
七叶树科七叶树属

花期 5月 / 果期 9～10月

植物学特征

落叶乔木。小叶5～7枚，倒卵状长椭圆形至长椭圆状倒披针叶形，叶缘具细齿。花序圆筒形，花杂性，白色。蒴果球形或倒卵形，黄褐色，密生皮孔。

园林应用

树干耸直，树形优美、冠大荫浓，初夏繁花满树，硕大的白色花序又似一盏华丽的烛台，花大秀丽，果形奇特，是观叶、观花、观果不可多得的树种，蔚然可观，是优良的行道树和园林观赏植物，为世界著名的观赏树种之一。可作人行步道、公园、广场绿化树种，既可孤植也可群植，或与常绿树和阔叶树混种。

知识拓展

七叶树的果实含有大量皂角苷，即七叶树素，是破坏红细胞的有毒物质，但有的动物如鹿和松鼠可以抵御这种毒素，能食用七叶树的果实。有人用它们的果实磨粉毒鱼。加州七叶树的花蜜中也含有毒素，会造成某些蜜蜂种类中毒，但当地土生的蜜蜂可以抵御这种毒素。这种毒素不耐高温，经蒸煮后种子中的淀粉可以被食用。中国七叶树的种子是一种中药，名为娑罗子，所以有时中国七叶树也被称为娑罗树。

火炬树

Rhus typhina L.

漆树科盐肤木属

花期 6 ~ 7 月 / 果期 9 ~ 10 月

落叶小乔木。奇数羽状复叶。圆锥花序顶生，密生茸毛；花淡绿色，雌花花柱有红色刺毛。核果，深红色，密生茸毛，花柱宿存，密集成火炬形。

果实 9 月成熟后经久不落，秋后树叶会变红，十分壮观。火炬树树叶繁茂，表面有茸毛，能大量吸附大气中的浮尘及有害物质，牛羊不食其叶片，不受病虫危害。火炬树广泛应用于人工林营建、退化土地恢复和景观建设，主要用于荒山绿化兼盐碱荒地风景林树种。

果扁球形，有红色刺毛，紧密聚生成火炬状，因此得名火炬树。火炬树繁殖速度快，三五年的火炬树，树苗就可以蔓延到 30 ~ 100 米的范围，在具有独特优良特性的同时，也存在严重的潜在危害，被列为外来入侵植物。

清香木

Pistacia weinmannifolia
漆树科黄连木属

花期 春末夏初 / **果期** 8～10月

植物学特征

常绿灌木或小乔木。叶为偶数羽状复叶，有小叶 4～9 对，嫩叶呈红色。花叶同放，花序被黄褐色柔毛及红色腺毛。核果球形，呈红色。

园林应用

清香木生长习性及栽培特点与黄连木十分相近，气味清香，树形美观，可用于花园灌木及切枝，开发前景广阔。

知识拓展

清香木叶可提芳香油，民间常用叶碾粉制“香”。叶及树皮供药用，有消炎解毒、收敛止泻之效。它的叶子晒干以后可以做成枕芯，不仅好闻，还能帮助人们安神助眠，可以说浑身都是宝。

黄栌

Cotinus coggygria Scop.

漆树科黄栌属

花期 5～6月 / 果期 7～8月

植物学特征

落叶小乔木。树汁有异味，木质部黄色。单叶互生，叶片全缘或具齿。圆锥花序疏松、顶生，花小、杂性，被羽状长柔毛，宿存。

园林应用

可以应用在城市街头绿地，单位专用绿地、居住区绿地以及庭院中，适合孤植或丛植于草坪一隅、山石之侧、常绿树树丛前或单株混植于其他树丛间以及常绿树群边缘，从而体现其个体美和色彩美。

知识拓展

黄栌花后久留不落的不孕花花梗呈粉红色羽毛状，在枝头形成似云似雾的景观，远远望去，宛如万缕罗纱缭绕树间，历来被文人墨客比作“叠翠烟罗寻旧梦”和“雾中之花”，故黄栌又有“烟树”之称。夏赏“紫烟”，秋观红叶，极耐瘠薄，使其成为石灰岩营建、水土保持林和生态景观林的首选树种。

美国红枫

Acer rubrum L.

槭树科槭属

花期 3 ~ 4月 / 果期 10月

落叶大乔木。茎光滑，有皮孔，通常为绿色，冬季常变为红色；新树皮光滑，浅灰色；老树皮粗糙，深灰色，有鳞片或皱纹。单叶对生，叶片 3 ～ 5 裂，手掌状。先花后叶，花为红色，稠密簇生，少部分微黄色。果实为翅果，多呈微红色，成熟时变为棕色。

美国红枫是欧美经典的彩色行道树，叶色鲜红美丽，株型直立向上，树冠呈椭圆形或圆形，开张优美，在园林绿化中被广泛应用。

美国红枫	日本红枫
落叶乔木	灌木或乔木类
叶片呈手掌状，分 3 ~ 5 裂，部分树叶的表面有白色茸毛，叶片偏绿色，春季新叶偏红色，经长时间的光照后，这些新叶变老后会变绿	叶片为掌状 5 ~ 7 深裂，单叶互生，叶片靠近枝干的位置偏圆，另一端偏尖。春、夏、秋三季叶片都是鲜艳的红色

五角枫

花语 清廉之风，浩然正气。

Acer mono

槭树科槭属

花期 5月 / **果期** 9月

植物学特征

落叶乔木。叶纸质，基部截形或近于心脏形，常5裂。花多数，雄花与两性花同株，多顶生圆锥状伞房花序，生于有叶的枝上，花的开放与叶的生长同时，淡白色。翅果嫩时紫绿色，成熟时淡黄色，小坚果压扁状。

园林应用

树形优美，叶、果秀丽，入秋叶色变为红色或黄色，宜作绿地及庭院绿化树种，与其他秋色叶树种或常绿树配植，彼此衬托掩映，可增加秋景色彩之美。也可用作庭荫树、行道树或防护林。

知识拓展

五角枫是一种名贵树种，别的枫树叶片多为三裂，而科尔沁草原上的枫叶为五裂，故被当地人称为五角枫。它不仅极具观赏性，而且整树都是宝，并且具有十分重要的生态作用，是东方白鹳、金雕等珍禽栖息繁殖的场所。

鸡爪槭

Acer palmatum Thunb.
槭树科槭属

花期 5 ~ 9月 / **果期** 5 ~ 9月

植物学特征

落叶小乔木。叶掌状，常 5 ～ 7 深裂，密生尖锯齿。后叶开花，花紫色，雄花与两性花同株。幼果紫红色，熟后褐黄色，果核球形，两翅成钝角。

鸡爪槭可作为行道树和观赏树栽植，是较好的四季绿化树种。鸡爪槭也是园林中名贵的观赏乡土树种。在园林绿化中，常用不同品种配植在一起，形成色彩斑斓的槭树园；也可在常绿树丛中配植，营造“万绿丛中一点红”景观；植于山麓、池畔，以显其潇洒、婆娑的绰约风姿；配以山石，别具古雅之趣。

知识拓展

鸡爪槭最引人注目的观赏特性是叶色富于季相变化。春季鸡爪槭叶色黄中带绿，呈现出暖色系特征，活跃明朗又轻盈。夏季鸡爪槭叶色转为深绿，呈现出冷色系特征，给炎炎夏日带来清凉，观赏效果逊于春秋两季。秋季是鸡爪槭观赏性最佳季节，《花经》云：“枫叶一经秋霜，杂盾常绿树中，与绿叶相衬，色彩明媚。”进入冬季，鸡爪槭叶片全部落光，部分枝条残留枯萎的叶片和果实。

石楠

Photinia serratifolia (Desf.) Kalkman

蔷薇科石楠属

花期 6～7月 / **果期** 10～11月

寒日吐丹艳，赪子流细珠。
鸳鸯花数重，翡翠叶四铺。
——唐 孟郊

常绿灌木或中型乔木。叶片翠绿色，具光泽，早春幼枝嫩叶为紫红色，老叶经过秋季后部分出现赤红色。复伞房花序顶生，花瓣白色，近圆形，花药带紫色。果实球形，红色，后呈褐紫色。

枝繁叶茂，夏季密生白色花朵，秋后鲜红果实缀满枝头；枝条能自然发展成圆形树冠，根据园林需要，可修剪成球形或圆锥形等不同的造型。在园林中孤植或基础栽植均可，是一个观赏价值极高的树种。

紫叶矮樱

Prunus × cistena

蔷薇科李属

花期 4 ~ 5 月 / 果期 9 ~ 11 月

植物学特征

落叶灌木或小乔木。枝条幼时紫褐色，通常无毛，老枝有皮孔，分布整个枝条。叶长卵形或卵状长椭圆形，先端渐尖，叶面红色或紫色，背面色彩更红，新叶顶端鲜紫红色，当年生枝条木质部红色。花单生，中等偏小，淡粉红色，花瓣 5 枚，微香。

园林应用

观叶植物新品种，在园林绿化中应用广泛，全年叶呈紫色，虽似紫叶李，但株形矮小，因此既可作为城市彩篱或色块整体栽植，也可单独栽植，是绿化美化城市的极佳树种之一。

紫叶李

Prunus cerasifera 'Atropurpurea'

蔷薇科李属

花期 3～4月 / **果期** 8月

落叶小乔木。树皮灰紫色；小枝红褐色，芽外被紫红色芽鳞。叶片卵形、椭圆形或倒卵形，边缘有锯齿，紫红色。花瓣淡粉红色，雄蕊多数。核果近球形，熟时暗红色，微有蜡粉。

嫩叶鲜红，老叶紫红，尤其是紫色发亮的叶子，在绿叶丛中，像一株株永不凋谢的花朵，为著名观叶树种，与其他树种搭配，红绿相映成趣，孤植群植皆宜，能衬托背景，适合在广场、行道、草坪角隅栽植。

紫叶矮樱	紫叶李
小乔木或落叶灌木，幼时枝条为紫褐色，无毛，老枝有皮孔	乔木，枝条为暗灰色，小枝红褐色
叶片为长卵形或卵状长椭圆形，叶面为红色或紫色，叶背面的颜色更红，新叶顶端为鲜紫红色	叶片为卵形、椭圆形或倒卵形，很少为椭圆状披针形，叶面为深绿色，叶背面的颜色较淡
花色为淡粉红色，花期在4～5月	花色为白色或粉色，花期在3～4月

美人梅

Prunus × blireana 'Meiren'
蔷薇科李属

花期 3～4月

曲尽江流换马裘，
美人梅下引风流。
兰舟未解朱颜紧，
幽怨难辞钗凤留。
——唐 李亿

落叶小乔木或灌木。叶片紫红色，卵状椭圆形。花粉红色，花具紫色长梗，常呈垂丝状，先花后叶，重瓣花，萼筒宽钟状，萼片5枚，近圆形至扁圆形，雄蕊辐射，花丝淡紫红色；花有香味，但非典型梅香。

属梅花类，由重瓣粉型梅花与红叶李杂交而成，是陈俊愉教授从美国引进的彩叶观花树种。美人梅作为梅中稀有品种，不仅在于其花色美观，而且还可观赏枝条和叶片，一年四季枝条红色，亮红的叶色和美丽的枝条给少花的季节增添了一道亮丽的风景。成长叶和枝条终年鲜紫红色，能抗 -30℃的低温。

橡皮树

花语　稳重，诚实，信任。

Ficus elastica
桑科榕属

花期　冬季

植物学特征

常绿乔木。叶片较大，厚革质，有光泽，圆形至长椭圆形；叶面暗绿色，叶背淡绿色，初期包于顶芽外，新叶伸展后托叶脱落，并在枝条上留下托叶痕。其花叶品种在绿色叶片上有黄白色的斑块，更为美丽。

园林应用

观赏价值较高，是著名的盆栽观叶植物。中小型植株常用来美化客厅、书房；中大型植株适合布置在大型建筑物的门厅两侧及大堂中央，显得雄伟壮观，可体现热带风光。在去除室内烟雾方面具有独特的功能，能有效去除悬浮在空气中的烟雾颗粒，净化空气。

水杉

Metasequoia glyptostroboides

杉科水杉属

花期 4 ~ 5月 / **果期** 10 ~ 11月

乔木。树干基部常膨大；枝斜展，小枝下垂。叶条形，羽状，冬季与枝一同脱落。球果下垂，成熟前绿色，熟时深褐色。

“活化石”树种，是秋叶观赏树种。在园林中最适合列植，也可丛植、片植，可盆栽，也可成片栽植营造风景林，并适配常绿地被植物。水杉对二氧化硫有一定的抵抗能力，是工矿区绿化的优良树种。

水杉是世界上珍稀的孑遗植物，也是我国国家一级保护植物。远在中生代白垩纪，地球上已出现水杉类植物，并广泛分布于北半球。冰期以后，这类植物几乎全部绝迹。水杉有“活化石”之称，它对于古植物、古气候、古地理和地质学，以及裸子植物系统发育的研究均有重要意义。

肾蕨

Nephrolepis cordifolia (Linnaeus) C.Presl
肾蕨科肾蕨属

多年生草本植物。根状茎具主轴，具有匍匐茎。根状茎和主轴上密生鳞片。叶披针形，一回羽状全裂，羽片基本不对称，浅绿色，近草质。孢子囊群生于侧脉上方的小脉顶端，孢子囊群盖为肾形。

四季常青，叶形秀丽挺拔，叶色翠绿光滑，是制作花篮和插花极好的配叶材料。由于耐阴，养护方便，为人们喜爱的室内观叶植物，可陈设于几架、案台等处。

肾蕨不仅为世界各地普遍栽培的观赏蕨类，还是传统的中药材，以全草和块茎入药，全年均可采收。

柿

Diospyros kaki Thunb.
柿科柿属

花期 5～6月 / **果期** 9～10月

柿叶满庭红颗秋，薰炉沉水度春篝。
松风梦与故人遇，自驾飞鸿跨九州。
——宋 苏轼

落叶小乔木。枝开展，散生纵裂的长圆形或狭长圆形皮孔。叶纸质，卵状椭圆形至倒卵形或近圆形，通常较大。雌雄异株，花序腋生，聚伞花序，花冠钟状，黄白色，花萼绿色，有光泽。

柿树寿命长，可达 300 年以上。叶大荫浓，秋末冬初，霜叶染成红色，冬季落叶后，果实殷红不落，一树满挂累累红果，增添优美景色，是优良的风景树。在园林中孤植于草坪或旷地，列植于街道两旁，尤为壮观。

雪松

花语 高尚纯洁，象征人生积极向上、不屈不挠的精神。

Cedrus deodara (Roxb.vex D. Don) G. Don
松科雪松属

花期 10 ~ 11月 / **果期** 翌年10月

大雪压青松，青松挺且直。
要知松高洁，待到雪化时。
——现代 陈毅

乔木。枝平展、微斜展或微下垂，小枝常下垂。叶在长枝上辐射伸展，短枝之叶呈簇生状，叶针形，坚硬。雄球花长卵圆形或椭圆状卵圆形，雌球花卵圆形。球果成熟前淡绿色，微有白粉，熟时红褐色，卵圆形或宽椭圆形。

树体高大，树形优美，是世界著名的庭院观赏树种之一。其主干下部的大枝自近地面处平展，长年不枯，能形成繁茂雄伟的树冠，适合孤植于草坪中央、建筑前庭中心、广场中心或主要建筑物的两旁及园门的入口等处，列植于园路的两旁，也极为壮观。它具有较强的防尘、减噪与杀菌能力，也适合作工矿企业绿化树种。

金钱松

Pseudolarix amabilis (J. Nelson) Rehd.
松科金钱松属

花期 4月 / **果期** 10月

乔木。树干通直，树皮粗糙，灰褐色，裂成不规则的鳞片状块片。枝平展，树冠宽塔形；一年生长枝淡红褐色或淡红黄色，无毛，有光泽，二、三年生枝淡黄灰色或淡褐灰色，叶条形，柔软，镰状或直， 秋后叶呈金黄色。

树姿优美，叶在短枝上簇生，辐射平展成圆盘状，似铜钱，深秋叶色金黄，极具观赏性。该树为珍贵的观赏树木之一，与南洋杉、雪松、金松和北美红杉合称为世界五大公园树种。可孤植、丛植、列植，可用作风景林。

宁波章水镇茅镬村里有一株高耸如参天之势的千年金钱松，曾“死里逃生”过多次。树旁立有禁砍碑，落款是在清道光年间 1849 年——它已保了“参天金松”免死金身 170 多年。

白皮松

Pinus bungeana Zucc.ex Endl.

松科松属

花期 4～5月 / **果期** 翌年10～11月

乔木。幼树树皮光滑，灰绿色，长大后树皮裂成不规则的薄块片脱落，露出淡黄绿色的新皮，老树皮呈淡褐灰色或灰白色，裂成不规则的鳞状块片脱落，脱落后近光滑，露出粉白色的内皮。针叶，3针一束。雄球花卵圆形或椭圆形，多数聚生于新枝基部，呈穗状。

树姿优美，树皮奇特，可供观赏。白皮松在园林配植上用途十分广泛，孤植、列植均具高度观赏价值。树皮斑驳美观，针叶短粗亮丽，既是一个不错的园林绿化传统树种，又是一个适应范围广、能在钙质土壤和轻度盐碱地生长良好的常绿针叶树种。

知识拓展

北京戒台寺的白皮松植于唐武德年间，树龄约 1 400 年，树冠高达 18 米，有 9 条银白色大干，呼为“九龙松”。据说它是我国树龄最长的白皮松。山东曲阜颜庙的白皮松据说也是唐代栽植，树龄已有千年以上。陕西西安市长安区湖村小学（唐代温国寺旧址）的白皮松树龄为 1 020 年以上。

北京北海公园团城承光殿前的一株白皮松，虽树龄不满千年，但因受过皇封，亦非常有名。它植于金代，树龄为 800 多年。乾隆皇帝因其像守护团城的勇士，特封它为“白袍将军”。

五彩千年木

花语 青春永驻，清新悦目。

Dracaena reflexa var. *angustifolia* Baker
天门冬科龙血树属

花期 11月至翌年3月

植物学特征

小乔木。树干直立，茎干圆直，树节紧密。叶片细长，新叶向上伸长，老叶垂悬。叶片中间绿色，边缘有紫红色条纹。

园林应用

彩色的叶面非常漂亮。叶片与根部能吸收二甲苯、甲苯、三氯乙烯、苯和甲醛，并将其分解为无毒物质。可用于庭院地被美化，也可室内观赏或插花。

金心也门铁

Draceana arborea
天门冬科龙血树属

花语 珍惜爱，喜欢一样东西，就要学会欣赏它，珍惜它，使它更弥足珍贵。

花期 6 ~ 8 月

植物学特征

常绿乔木。株形整齐，茎干挺拔。叶簇生于茎顶，叶缘鲜绿色，具波浪状起伏，有光泽，叶片中央有一金黄色宽条纹。

园林应用

株形美观大方，叶色鲜亮，可以装饰大厅。能吸附室内的甲醛、苯等有害气体。

花语 象征永恒，朋友纯洁的心，永远不变。

Asparagus setaceus (Kunth) Jessop
天门冬科天门冬属

花期 7～8月 / **果期** 12月至翌年2月

根部稍肉质。茎柔软丛生，伸长的茎呈攀缘状，主茎上的鳞片多呈刺状。平常见到绿色的叶其实不是真正的叶，而是叶状枝，真正的叶退化呈鳞片状，淡褐色，着生于叶状枝的基部；叶状枝纤细而丛生，呈三角形水平展开羽毛状。花小，两性，白绿色。

葱茏苍翠，似碧云重叠，文静优美，常作为温室盆栽观叶植物，摆设盆花时用于陪衬，也可用于室内观叶植物布置，或作切叶材料。

春羽

Thaumatophyllum bipinnatifidum
天南星科鹅掌芋属

花语 轻松，快乐，幸福，积极向上，也代表友谊天长地久。

多年生常绿草本植物。有气生根。叶片羽状分裂，羽片再次分裂，有平行而显著的脉纹。花单性，佛焰苞肉质，白色或黄色，肉穗花序直立，稍短于佛焰苞。

用于盆栽布置宾馆、饭店的厅堂、室内花园、走廊、办公室等。温暖地区也可附生于树上生长或作为地被栽培。

小天使鹅掌芋

花语 宁静思远。

Thaumatophyllum xamadu

天南星科鹅掌芋属

多年生常绿植物。叶片长椭圆形，叶缘波状并有 5 ～ 6 对羽状浅裂，嫩叶具有玫红色叶鞘，新叶长出后脱落。

用于盆栽布置宾馆、饭店的厅堂、室内花园、走廊、办公室等。

龟背竹

花语　健康长寿。

Monstera deliciosa Liebm.
天南星科龟背竹属

花期　8～9月

植物学特征

半蔓型，茎粗壮，节多似竹，故名龟背竹。茎上生有长而下垂的褐色气生根，可攀附他物向上生长。叶厚革质，互生，暗绿色或绿色；幼叶心脏形，没有穿孔，长大后叶呈矩圆形，具不规则羽状深裂，自叶缘至叶脉附近孔裂，如龟甲图案。花形如佛焰，淡黄色。

园林应用

叶常年碧绿，茎粗壮，节上有较大的新月形叶痕，生有索状肉质气生根，极耐阴，是有名的室内大型盆栽观叶植物。常以中小盆种植，置于室内客厅、卧室和书房的一隅；也可以大盆栽培，置于宾馆、饭店大厅及室内花园的水池边和大树下，颇具热带风光。

知识拓展

龟背竹叶形奇特，孔裂纹状，极像龟背。茎节粗壮又似罗汉竹，深褐色气生根，纵横交错，形如电线。龟背竹汁液有毒，对皮肤有刺激和腐蚀作用。

尽芳菲

巢蕨

花语 潇洒飘逸，清香长绿。

Asplenium nidus L.
铁角蕨科巢蕨属

植物学特征

根状茎直立，粗短，木质，深棕色。叶簇生，叶片阔披针形，叶边全缘并有软骨质的狭边，干后略反卷，主脉两面均隆起，暗棕色，光滑。

园林应用

又名鸟巢蕨，为较大型的阴生观叶植物，悬吊于室内也别具热带情调，常植于热带园林树木下或假山岩石上，盆栽的小型植株用于布置明亮的客厅、会议室及书房、卧室。

知识拓展

传说，在春季的时候，花娘娘带着她的孩子牡丹、荷花、菊花、蜡梅和山苏花（巢蕨）来到世间，告诉她们要开出最美丽的花来，于是牡丹、荷花、菊花和蜡梅都争先恐后地开放，希望可以开出世界上最美丽的花朵，可是山苏花却没有这个心思，她只想着没必要抢着开花，反正早开还是晚开都是一样的。

在花中的姐妹里，牡丹是优胜者，她在春光明媚的时候开放，开出一朵朵鲜红的、雪白的鲜艳花朵。在夏季，荷花开放了美丽的花朵。秋天到了，秋高气爽，天高云淡，菊花开了。可是到了冬天，天气寒冷，只有蜡梅在风雪中绽放。一年又一年过去了，山苏花一直没找到合适的时机开放，至今我们都没看到山苏花的花朵。

胶东卫矛

Euonymus fortunei
卫矛科卫矛属

花期 8～9月 / **果期** 9～10月

直立或蔓性半常绿灌木。小枝圆形。叶片近革质，边缘有粗锯齿。聚伞花序二歧分枝，花淡绿色。蒴果扁球形，粉红色。种子包有黄红色的假种皮。

干枝虬曲多姿，叶繁茂葱茏，可在园林中于老树旁、岩石上和花格墙垣边配植。

胶东卫矛	冬青卫矛
株型松散，侧枝的自然分枝点较低，基部的枝条呈匍匐状，且能生根	株型紧凑，枝条直立性较强，侧枝的自然分枝点较高
叶缘的锯齿不明显，手摸刺手感不明显	叶缘细锯齿较明显，手摸有明显的刺手感
果实扁球形，呈粉红色	果实近球形，淡粉红色

梧桐

花语　象征祥瑞。

Firmiana platanifolia (L. f.) Marsili
梧桐科梧桐属

花期 6月 / **果期** 10～11月

植物学特征 落叶乔木。树皮青绿色，平滑。叶心形，掌状3～5裂。圆锥花序顶生，花淡黄绿色。蓇葖果膜质。种子圆球形。

园林应用 树干光滑，叶大优美，是一种著名的观赏树种。梧桐已经被引种到欧洲、美洲等许多国家作为观赏树种。木材轻软，为制木匣和乐器的良材。

知识拓展

梧桐，又称“中国梧桐”，别名青桐、桐麻，原产中国，南北各省都有栽培。中国古代传说凤凰“非梧桐不栖”。在《诗经·大雅》里，有一首诗写道：“凤凰鸣矣，于彼高冈。梧桐生矣，于彼朝阳。菶菶萋萋，雍雍喈喈。”意思是梧桐生长茂盛，引得凤凰啼鸣。由于古人常把梧桐和凤凰联系在一起，所以今人常说：“栽下梧桐树，自有凤凰来。”

八角金盘

花语　八方来财，聚四方财气，更上一层楼。

Fatsia japonica (Thunb.) Decne. et Planch.
五加科八角金盘属

花期 10～11月 / **果期** 翌年5月

植物学特征　常绿灌木。叶大，掌状，5～7深裂，边缘有锯齿或呈波状绿色，叶柄长，基部肥厚。伞形花序集生成顶生圆锥花序，花白色。浆果球形，紫黑色，外被白粉。

园林应用　极耐阴，是极良好的常绿观叶地被植物。

鹅掌柴

花语 自然、和谐。

Heptapleurum heptaphyllam (L.) Y. F. Deng
五加科鹅掌柴属

花期 10～11月 / 果期 12月至翌年1月

植物学特征

常绿半蔓生灌木。具气生根。掌状复叶互生，小叶5～9枚，椭圆形或倒卵状椭圆形，全缘。圆锥花序顶生，被星状短柔毛，花白色，芳香。浆果球形。

园林应用

四季常青，叶面光亮，适合盆栽，也可在庭院孤植。枝叶可作插花陪衬材料。

常春藤

花语　青春、希望和朝气蓬勃。

Hedera nepalensis var. *sinensis* (Tobl.) Rehd.
五加科常春藤属

花期 9～11月 / **果期** 翌年3～5月

植物学特征　常绿攀缘藤本。茎枝有气生根，幼枝被锈色鳞片状柔毛。叶互生，全缘或3裂。伞形花序单生或2～7个顶生；花小，黄白色或绿白色。果圆球形，浆果状，黄色或红色。

园林应用　在庭院中可用来攀缘假山、岩石，或在建筑阴面作垂直绿化材料。也可盆栽供室内观赏。

紫叶小檗

Berberis thunbergii 'Atropurpurea'

小檗科小檗属

花期 4～6月 / **果期** 7～10月

落叶小灌木。小枝多红褐色，有沟槽，具短小针刺；单叶互生，叶片小，倒卵形或匙形，全缘叶，叶表暗绿，光滑无毛，背面灰绿，有白粉，两面叶脉不显，入秋叶色变红。花两性，花淡黄色。浆果长椭圆形，熟时亮红色，具宿存花柱。

叶色有绿、紫、金、红等色，观赏期长。小檗浆果椭圆形，果皮颜色有鲜红色和紫黑色两种，不但色彩艳丽，而且冬季落叶后可缀满枝头，丰富冬季园林的色彩变化，有突出的美化作用。无论是孤植还是群植都有较好的色彩效果。

根据品种的不同以及阳光照射的强度不同，叶片呈现出不同的色彩。紫叶小檗初春新叶呈鲜红色，盛夏时变成深红色，入秋后又变成紫红色。小檗艳丽的色彩，可营造热情奔放、喜气洋洋的气氛。

垂柳

Salix babylonica L.
杨柳科柳属

花期 3～4月 / **果期** 4～5月

乔木。树冠开展而疏散。树皮灰黑色，不规则开裂；枝细，下垂。花序先叶开放，或与叶同时开放。

春天，“翠条金穗舞娉婷”；夏天，“柳渐成荫万缕斜”；秋天，“叶叶含烟树树垂”。常植于河、湖、池边点缀园景，柳条拂水，倒映叠叠，别具风趣，也可作庭荫树、行道树、公路树，还是固堤护岸的重要树种。

佛教从东汉传入我国后，不知从何时开始，柳树成为民间的吉祥物，从而赋予了柳枝神性，因此在神话人物观音菩萨的手中总是一手拿着柳枝，一手托住净水瓶，用柳枝蘸取净水为人间百姓遍洒甘露，祛病消灾。在北魏贾思勰的《齐民要术》中更有“正月旦，取杨柳枝著户上，百鬼不入家”的记载。可见古人迷信柳可驱鬼。

银杏

Ginkgo biloba L.

银杏科银杏属

花期 4月 / 果期 10月

文杏裁为梁，香茅结为宇。
不知栋里云，去作人间雨。
——唐 王维

落叶大乔木。叶互生，扇形；在一年生长枝上螺旋状散生，在短枝上呈簇生状，秋季落叶前变为黄色。雄球花柔荑花序状，下垂，雄蕊排列疏松。种子具长梗，下垂，常为椭圆形、长倒卵形、卵圆形或近圆球形，假种皮骨质，白色，种皮肉质，熟时黄色或橙黄色，外被白粉。

园林应用

树体高大，树干通直，春夏翠绿，深秋金黄，是理想的行道树种。银杏适应能力强，是速生丰产林、农田防护林、护路林及“四旁”绿化的理想树种 。与松、柏、槐并列为中国四大长寿观赏树种。银杏抗病虫害，被公认为无公害树种，是园林绿化最理想树种之一。但体现速度较慢，小树栽植 2 年才能有不错的效果，大树栽植后，需要有 3 ～ 5 年的恢复时间，才能展现其美丽的效果。

金叶榆

花语 快乐，希望。

Ulmus pumila 'Jinye'
榆科榆属

花期 3～4月 / 果期 4～6月

植物学特征

叶片卵状长椭圆形，金黄色，先端尖，基部稍歪，边缘有不规则单锯齿。叶腋排成簇状花序，翅果近圆形，种子位于翅果中部。

园林应用

枝条萌发能力很强，树冠比白榆更丰满，造型更丰富。其树干通直，树形高大，叶色亮黄，是乔、灌皆宜的城乡绿化重要彩叶树种，可用作行道树、庭荫树等。早春先看到果实，比较醒目，发芽比较早，呈黄色。

孔雀竹芋

花语 生命在于运动，愿生活像孔雀一样多姿多彩。

Calathea makoyana E. Morr.

竹芋科肖竹芋属

花期 6 ~ 7月 / **果期** 7 ~ 10月

植物学特征

多年生常绿草本。叶柄紫红色，叶片薄革质，卵状椭圆形，绿色叶面上隐约呈现金属光泽，且明亮艳丽，沿中脉两侧分布着羽状、暗绿色、长椭圆形的茸状斑块，左右交互排列，叶背紫红色。

园林应用

株形美观，叶面颜色五彩斑斓，又具有较强的耐阴性，栽培管理较简单，多用于室内盆栽观赏，是世界著名的室内观叶植物之一。在北方地区，可在观赏温室内栽培。大型品种可用于装饰宾馆、商场的厅堂，小型品种能点缀居室的阳台、客厅、卧室等。

苹果竹芋

花语 优雅标致，清新宜人。

Calathea orbifolia (Linden) H. A. Kenn.
竹芋科竹芋属

花期 冬季

植物学特征 多年生常绿草本植物。根出叶，丛生状，植株高大。叶柄为浅褐紫色，叶片圆形或近圆形，中肋银灰色，花序穗状。

园林应用 叶形浑圆、叶质丰腴、叶色青翠，其上排列有整齐的条纹，具有极高的观赏价值，且较喜阴，适于较长时间在室内作为盆栽观赏。由于其叶片硕大、株形开展，将其栽植于大型广口花盆中，可用于布置商场、宾馆、会议室、会客厅等大型公共场所。

知识拓展 诗韵：“翠叶青枝根饰链，和露带雨惹人怜。不慕颜色不争春，只留青气在人间。”

幸福树

花语 祈福，盼富，求平安。

Radermachera sinica (Hance) Hemsl.
紫葳科菜豆树属

花期 5～9月 / **果期** 10～12月

青青棕榈树，散叶如车轮。
拥蘀交紫髯，岁剥岂非仁。
——宋 梅尧臣

中等落叶乔木。树皮浅灰色，深纵裂。叶对生，卵形或卵状披针形，先端尾尖，全缘。花序直立，顶生，花冠钟状漏斗形，白色或淡黄色。蒴果革质，呈圆柱状长条状，形似菜豆。

夏威夷的代表树，象征幸福、平安，所以很多人把它摆在家门前。可以将幸福的心愿写成卡片，挂在树上。

棕榈

Trachycarpus fortunei (Hook.) H. Wendl.
棕榈科棕榈属

花期 4月 / **果期** 12月

植物学特征

常绿乔木。叶片近圆形，叶柄两侧具细圆齿。花序粗壮，雌雄异株，花黄绿色。果实阔肾形，有脐，成熟时由黄色变为淡蓝色，有白粉，种子胚乳角质。

园林应用

棕榈树栽于庭院、路边及花坛之中，树势挺拔，叶色葱茏，适于四季观赏。棕榈叶鞘为扇子形，有棕纤维，叶可制扇、帽等工艺品。棕榈科植物以其特有的形态特征构成热带植物部分特有的景观。

袖珍椰子

Chamaedorea elegans Mart.
棕榈科袖珍椰子属

花期 2 ~ 3月 / **果期** 10 ~ 12月

常绿小灌木。叶一般着生于枝顶，羽状全裂，裂片披针形，互生；顶端两片羽叶的基部常合生为鱼尾状，嫩叶绿色，老叶墨绿色；叶片平展，成株叶似伞形。花黄色，呈小球状，雌雄异株，雄花序稍直立，雌花序营养条件好时稍下垂。浆果橙黄色。

袖珍椰子形态小巧别致，置于室内有一番轻快、悠闲的热带风情。同时，它适合摆放在室内或新装修好的居室中，能够净化空气中的苯、三氯乙烯和甲醛，并有一定的杀菌功能，蒸腾作用效率高，有利于增加室内负离子浓度。另外，它还可以提高房间的湿度，有益于皮肤和呼吸健康。

同属植物约 120 种，主要分布在中美洲热带地区。喜高温高湿及半阴环境。它在植物分类学上为棕榈科常绿矮灌木或小乔木，植株矮小。英文名就是优美的意思。由于其株形酷似热带椰子树，形态小巧玲珑，美观别致，故得名袖珍椰子。

美丽针葵

花语　胜利。

Phoenix roebelenii O'Brien
棕榈科枣属

花期 4～5月 / 果期 6～9月

植物学特征

常绿灌木。茎短粗，通常单生。叶羽片状，初生时直立，长大后稍弯曲下垂，叶柄基部两侧有长刺，且有三角形突起；肉穗花序腋生，雌雄异株。果初时淡绿色，成熟时枣红色。

园林应用

枝叶拱垂似伞形，叶片分布均匀且青翠亮泽，是优良的盆栽观叶植物。用它来布置室内，洋溢着热带情调。一般中小型盆栽适合摆放在客厅、书房等处，显得雅观大方。

蒲葵

花语 奔放，张扬，怀念。

Livistona chinensis (Jacg.) R. Rr.
棕榈科蒲葵属

花期 4月 / **果期** 4月

常绿乔木。单干，茎通直，有较密的环状纹。叶掌状中裂，圆扇形，灰绿色，向内折叠，裂片先端再二浅裂，向下悬垂，叶柄粗大，两侧具逆刺。雌雄同株，肉穗花序，稀疏分歧，小花淡黄色、黄白色或青绿色。果核椭圆形，熟果黑褐色。

常作盆栽布置于大厅或会客厅。在半阳树下置于大门口或其他场所，应避免阳光直射。叶片常用来作蒲扇，树干可作手杖、伞柄、屋柱。

鱼尾葵

花语 富富有余。

Caryota maxima Blume ex Martias
棕榈科鱼尾葵属

花期 5～7月 / 果期 8～11月

植物学特征

常绿丛生乔木。树姿优美潇洒，叶片翠绿，叶形奇特，有不规则的齿状缺刻，酷似鱼尾。

园林应用

富含热带情调，是优良的室内大型盆栽树种，适用于布置客厅、会场、餐厅等处，羽叶可作切花配叶，深受人们喜爱。

知识拓展

鱼尾葵茎含大量淀粉，可作为桄榔粉的代用品；边材坚硬，可制作手杖和筷子等工艺品。

PART 4
地被植物

花草时光系列

尽芳菲
身边的花草树木图鉴

Flowers and Trees
in Life

玉簪

Hosta plantaginea (Lam.) Aschers.

百合科玉簪属

花期 6 ~ 9月

根状茎粗厚。叶卵状心形、卵形或卵圆形。花葶具几朵至十几朵花，花的外苞片卵形或披针形，有花梗。

玉簪是较好的阴生植物，在园林中可用于树下作地被植物，多植于岩石园或建筑物北侧，也可盆栽观赏或作切花。还可三两成丛点缀于花境中。因花夜间开放，芳香浓郁，是夜花园中不可缺少的花卉。

郁金香

Tulipa gesneriana L.
百合科郁金香属

花期 3 ~ 5月

植物学特征

多年生草本。鳞茎偏圆锥形，外被淡黄至棕褐色皮膜，内有肉质鳞片2～5片。茎叶光滑，被白粉。叶3～5枚，其中2～3枚宽广而基生。花单生茎顶，大型，直立杯状，洋红色、鲜黄色至紫红色，基部具有墨紫斑。蒴果。

园林应用

世界著名的球根花卉，还是优良的切花品种，花卉刚劲挺拔，叶色素雅秀丽，似荷花般的花朵端庄动人，惹人喜爱。在欧美视为胜利和美好的象征，更是荷兰、伊朗、土耳其等许多国家的国花。

知识拓展

紫色郁金香代表无尽的爱，最爱；白色代表纯洁清高的恋情；粉色代表永远的爱；红色代表爱的告白，喜悦，热烈的爱意；黄色代表开朗；黑色代表神秘，高贵，独特领袖权力，荣誉的皇冠；双色代表美丽的你，喜相逢；羽毛色代表情意绵绵。

金鱼草

花语 清纯的心，也代表了它对于这个世界的祝福。

Antirrhinum majus L.
车前科金鱼草属

花期 5～6月

二年生花卉。茎直立，节不明显，颜色深浅与花色相关。叶对生，全缘，一般叶色较深。总状花序，小花为唇形花冠，花冠筒膨大呈囊状，上层二裂、下层三裂，喉部往往异色；花色有红、粉红、黄、深红、白及套色（双色），有重瓣种。

花型奇特硕大，像一条条游动的金鱼，常被用作观赏花卉，无论地栽、盆栽或作切花都具有很强的生命力，对美化环境做出贡献。花色艳丽迷人，有鲜红、金黄、墨紫、纯白等，多至30多个复色、串色品种，是制作插花的优良草本花卉。近年来，由于金鱼草特殊的花姿，被广泛应用于各种插花及花艺装饰，是一种深受大家喜爱的直立型花材。

宝盖草

Lamium amplexicaule L.
唇形科野芝麻属

花期 3 ~ 5月 / 果期 7 ~ 8月

植物学特征

一年生或二年生植物。茎四棱形，中空。上部叶无柄，叶片圆形或肾形，先端圆，基部截形或截状阔楔形。轮伞花序，花萼管状钟形，花冠紫红或粉红色，冠筒细长，冠檐二唇形，上唇直伸，下唇稍长，3裂。小坚果倒卵圆形，具三棱，先端近截状，淡灰黄色，表面有白色大疣状突起。

园林应用

在园林中常应用于花境或配植于林下。

知识拓展

宝盖草因叶子而得名，两片叶子的形状神似古代帝王驾车时旁边随从撑起的华盖，因而得名宝盖草。华盖，指帝王车驾上的绸伞，伞形顶盖。晋崔豹《古今注·舆服》：“华盖，黄帝所作也，与蚩尤战於涿鹿之野，常有五色云气，金枝玉叶，止於帝上，有花葩之象，故因而作华盖也。”

夏至草

Lagopsis supina (Stephan ex Willd.) Ikonn.-Gal.

唇形科夏至草属

花期 3～4月 / **果期** 5～6月

多年生草本。茎四棱形，具沟槽，密被微柔毛，常在基部分枝。叶脉掌状，3深裂，叶片两面均绿色，上面疏生微柔毛，下面沿脉被长柔毛，余部具腺点，边缘具纤毛。轮伞花序，花冠白色，稀粉红色。小坚果长卵形，褐色，有鳞粃。

杂草，生于路旁、旷地上。可作药用植物栽培。

夏至草别名小益母草，有药用价值，全草入药，可活血、调经。治贫血性头昏，半身不遂，月经不调。

红花酢浆草

花语 邻居。

Oxalis corymbosa DC.
酢浆草科酢浆草属

花期 3 ~ 12月 / **果期** 3 ~ 12月

植物学特征

多年生直立草本。无地上茎，叶基生，小叶 3 枚，扁圆状倒心形，顶端凹入，两侧角圆形； 二歧聚伞花序，花瓣 5 枚，倒心形，淡紫色至紫红色。

园林应用

植株低矮，生长整齐，花多叶繁，花期长，花色艳，覆盖地面迅速，又能抑制杂草生长，很适合在花坛、花境及林缘大片种植。也可盆栽用来布置广场，同时也是庭院绿化镶边的好材料。

知识拓展

在欧洲，酢浆草是最常见的杂草，不管你走到什么地方，它都会在你的视野里，像亲密的邻居一样。一般酢浆草只有三片小叶，偶尔会出现突变的四片小叶个体，被称为"幸运草"；传说，如果谁看到有四片小叶的"幸运草"，就能使愿望成真。

紫叶酢浆草

Oxalis triangularis 'Urpurea'

酢浆草科酢浆草属

花期 4 ~ 11 月 / **果期** 4 ~ 11 月

植物学特征

多年生宿根草本。叶丛生，具长柄，掌状复叶；小叶 3 枚，无柄，倒三角形；叶大而紫红色。伞形花序，花瓣 5 枚，淡红色或淡紫色。蒴果。

园林应用

珍稀的优良彩叶地被植物，用来布置花坛，点缀景点，线条清晰，富有自然色感，是极好的盆栽和地被植物。

知识拓展

紫叶酢浆草的功效主要体现在药用方面。将紫叶酢浆草入药，可以清热解毒，消肿散结，还可以用于被虫子、蛇咬伤后的临时处理。

紫花地丁

Viola philippica Cav.

堇菜科堇菜属

花期 3 ~ 5月 / 果期 4 ~ 5月

植物学特征

多年生草本。叶片下部呈三角状卵形或狭卵形，上部较长，呈长圆形、狭卵状披针形或长圆状卵形。花紫堇色或淡紫色，喉部色较淡并带有紫色条纹。蒴果长圆形。种子卵球形，淡黄色。

园林应用

花期早且集中。植株低矮，生长整齐，株丛紧密，便于经常更换和移栽布置，适用于花坛或早春模纹花坛的构图。适应性强，可作为有适度自播能力的地被植物，可大面积群植。也适合作为花境或与其他早春花卉构成花丛。

知识拓展

拿破仑倾心于紫花地丁，他的追随者便以紫花地丁作为党派徽记，拿破仑被流放到厄尔巴岛时，发誓要在紫花地丁花开时返回巴黎。1815 年 3 月，女人们身着堇色华服，把紫花丁花撒向皇帝的必经之路，迎接拿破仑的回归。现今，法国的图卢兹每年在 2 月都举办“紫地丁节”。

芙蓉葵

花语　早熟。

Hibiscus moscheutos Linn.

锦葵科木槿属

花期 6 ~ 8 月 / **果期** 7 ~ 10 月

植物学特征

落叶灌木状。单叶互生，叶背及柄生灰色星状毛，基部圆形，缘具梳齿。花大，有白、粉、红、紫色。

园林应用

花朵硕大，花色鲜艳美丽。植株耐高温湿热的能力强，管理简单。园林绿化中可用大型容器组合栽植，或地栽布置花坛、花境，也可在绿地中丛植、群植。

知识拓展

随着温度和湿度的改变，芙蓉葵的细胞pH会改变，从而导致花色发生变化。因此，芙蓉葵的花色会出现早上是白色或粉红色，中午就变成大红色的现象，这极大增加了观赏性。

狭叶费菜

Sedum aizoon L.

景天科景天属

花期 6 ~ 7月 / 果期 8 ~ 9月

植物学特征

多年生草本。根状茎短，直立，无毛，不分枝。叶坚实，近革质，互生，叶狭长圆状楔形或几乎为线形，宽不到5毫米，边缘有不整齐的锯齿。聚伞花序，水平分枝，平展；花瓣5枚，黄色。蓇葖果呈星芒状排列，种子椭圆形。

园林应用

株丛茂密，枝翠叶绿，花色金黄，适应性强，适用于城市中一些立地条件较差的裸露地面作绿化覆盖。

近似种识别

狭叶费菜	宽叶费菜	乳毛费菜
叶狭长圆状楔形或几乎为线形，宽不到5毫米	叶宽倒卵形、椭圆形、卵形，有时稍呈圆形。先端圆钝，基部楔形，长2～7厘米，宽达3厘米	叶狭，先端钝，植株被微乳头状突起
花期6～7月	花期7月	花期6～7月

蒲公英

Taraxacum mongolicum

菊科蒲公英属

花期 4～9月 / 果期 5～10月

飘似羽，逸如纱，秋来飞絮赴天涯。
献身喜作医人药，无意芳名遍万家。
——当代 左河水

植物学特征

多年生草本植物。根圆锥状，表面棕褐色，皱缩，叶边缘有时具波状齿或羽状深裂，基部渐狭成叶柄，叶柄及主脉常带红紫色，花葶上部紫红色，密被蛛丝状白色长柔毛；头状花序，总苞钟状。瘦果暗褐色，长冠毛白色。

园林应用

广泛生于中、低海拔地区的山坡草地、路边、田野、河滩。生长速度快，一般公园造景、庭院美化都可见到。

百日菊

Zinnia elegans Jacq.
菊科百日菊属

花语　洋红色花代表持续的爱；混色花代表纪念一个不在的友人；绯红色花代表恒久不变；白色花代表善良；黄色花代表每日的问候。

花期 6～9月 / **果期** 7～10月

植物学特征

一年生草本植物。茎直立，被糙毛或长硬毛。叶宽卵圆形或长圆状椭圆形，基部稍心形抱茎，两面粗糙，下面密生短糙毛，基出三脉。头状花序，单生枝端，无中空肥厚的花序梗，总苞宽钟状，有单瓣和重瓣、卷叶和皱叶、各种不同颜色的园艺品种。

园林应用

花大色艳，开花早，花期长，株型美观，可按高矮分别用于花坛、花境、花带。也常用于盆栽。

美人蕉

花语 坚实的未来，连招贵子，坚持到底。

Canna indica L.
美人蕉科美人蕉属

花期 3 ~ 12月 / **果期** 3 ~ 12月

红蕉花样炎方识，瘴水溪边色最深。
叶满丛深殷似火，不唯烧眼更烧心。
——唐 李绅

多年生草本植物。全株绿色无毛，被蜡质白粉。块状根茎。地上枝丛生。单叶互生。总状花序，花单生或对生；萼片 3 片，绿白色，先端带红色；花冠大多红色。

花大色艳、色彩丰富，株型好，栽培容易。现在培育出了许多优良品种，观赏价值很高，可盆栽，也可地栽，装饰花坛。美人蕉不仅能美化人们的生活，而且能吸收二氧化硫、氯化氢、二氧化碳等有害物质，抗性较好，由于它的叶片易受害，反应敏感，所以被人们称为有害气体的活监测器。

千屈菜

Lythrum salicaria L.
千屈菜科千屈菜属

花期 6～10月 / **果期** 9～11月

多年生草本。茎直立，多分枝，全株青绿色，枝通常具4棱。叶对生或三叶轮生，披针形或阔披针形。小花簇生，穗状花序顶生，花瓣6枚，红紫色或淡紫色。蒴果扁圆形。

株丛整齐，耸立而清秀，花朵繁茂，花序长，花期长，是水景中优良的竖线条材料。最适合在浅水岸边丛植或池中栽植，或用于沼泽园，也可作花境材料及切花、盆栽。

千屈菜为药食兼用野生植物。其全草可入药，嫩茎叶可作野菜食用，在中国民间已有悠久的应用历史。《救荒本草》《湖南药物志》《贵州民间药物》《中国药植图鉴》等许多古今文献中均有其药用或食用记载。古代，民间除了荒年，春季缺少蔬菜时人们也普遍食用，以补充维生素，免于疾病困扰。

蛇莓

Duchesnea indica (Andr.) Focke
蔷薇科蛇莓属

花期 3 ~ 4月 / **果期** 8 ~ 10月

植物学特征

多年生草本。根茎短，粗壮；匍匐茎多数，有柔毛。小叶片边缘有钝锯齿；叶柄有柔毛。花单生于叶腋，花梗有柔毛，花瓣倒卵形，黄色，花托在果期膨大，海绵质，鲜红色，有光泽。瘦果卵形。

园林应用

春季赏花，夏季观果。植株低矮，枝叶茂密，具有春季返青早、耐阴、绿色期长等特点，是不可多得的优良地被植物。

知识拓展

蛇莓又名蛇泡草、龙吐珠、三爪风。据《本草纲目》记载：“俗言食之能杀人亦不然，止发冷涎耳。”《植物名实图考》记载：“虽为莓，然第供鸟雀蝼蚁耳。”说明蛇莓的果实平常尽量不食用，若少量食用，也不至于像人们传说的那样致死。

平枝栒子

Cotoneaster horizontalis Dcne.

蔷薇科栒子属

花期 5 ~ 6月 / 果期 9 ~ 10月

植物学特征

半常绿匍匐灌木。小枝排成两列，幼时被糙伏毛。叶片近圆形或宽椭圆形。花1～2朵顶生或腋生，近无梗，花瓣粉红色，倒卵形，先端圆钝。果近球形，鲜红色。

园林应用

枝叶横展，叶小而稠密，花密集枝头，粉红花朵在群绿中默默开放，粉花和绿叶相衬，分外绚丽。晚秋时叶片变红，红果累累，经冬不落，雪天观赏，别有情趣，是布置岩石园、庭院、绿地和墙沿、角隅的优良材料。

知识拓展

平枝栒子这个名称出自《经济植物手册》。在《华北经济植物志要》中记载为平枝灰栒子；在《秦岭植物志》中记载为铺地栒子；在《园林树木学》中记载为平枝栒子。在四川等地叫栒刺木、岩楞子、山头姑娘；在贵州等地叫被告惹；在陕南叫铺地蜈蚣；在天水叫地蓬；在文县叫牛肋巴；在平利叫铁扫帚；在武都叫翘皮子等。

金银花

Lonicera japonica Thunb.
忍冬科忍冬属

花期 4 ~ 6 月 / **果期** 10 ~ 11 月

金银赚尽世人忙，花发金银满架香。
蜂蝶纷纷成队过，始知物态也炎凉。
——清 蔡淳

又名忍冬。多年生半常绿缠绕及匍匐茎的灌木。小枝细长，中空，藤为褐色至赤褐色。卵形叶对生，枝叶均密生柔毛和腺毛。夏季开花，花成对生于叶腋，花色初为白色，渐变为黄色，黄白相映。果实圆形，熟时蓝黑色，有光泽。

由于匍匐生长能力比攀缘生长能力强，故更适合在林下、林缘、建筑物北侧等处作地被栽培；还可以做绿化矮墙；亦可以利用其缠绕能力制作花廊、花架、花栏、花柱以及缠绕假山石等。

知识拓展

“天地氤氲夏日长，金银二宝结鸳鸯。山盟不以风霜改，处处同心岁岁香。”所以又有“鸳鸯蛤”之称。入冬老叶枯落，叶腋再簇生新叶，经冬不凋，所以有“忍冬”之雅号。

二月兰

Orychophragmus violaceus (Linnaeus) O. E. Schulz

十字花科诸葛菜属

花期 4 ~ 6月 / 果期 5 ~ 6月

又叫诸葛菜，一年或二年生草本。茎浅绿色或带紫色。花紫色、浅红色或褪成白色；花萼筒状，紫色。

早春花开成片，花期长，适用于大面积地面覆盖，或用作不需精细管理绿地的背景植物，为良好的园林阴处或林下地被植物，也可用作花境栽培装饰住宅小区、高架桥下、山坡下或草地边缘；既可独立成片种植，也可与各种灌木混栽，形成春景特色。

季羡林的散文《二月兰》写道：二月兰是一种常见的野花。花朵不大，紫白相间。花形和颜色都没有什么特异之处。如果只有一两棵，在百花丛中，决不会引起任何人的注意。但是它却以多制胜，每到春天，和风一吹拂，便绽开了小花；最初只有一朵，两朵，几朵。但是一转眼，在一夜间，就能变成百朵，千朵，万朵。大有凌驾百花之上的势头了。

羽衣甘蓝

Brassica oleracea var. *acephala* DC.
十字花科芸薹属

花期 4～6月 / **果期** 6月

二年生草本植物。基生叶片紧密互生，呈莲座状，叶片有光叶、皱叶、裂叶、波浪叶之分，叶脉和叶柄呈浅紫色，内部叶色彩极为丰富，有黄、白、粉红、红、玫瑰红、紫红、青灰、杂色等，叶片的观赏期为12月至翌年3、4月。总状花序，花浅黄色。果实为角果。

具有独特的叶色、姿态，适应性强、养护简便，可作为北方晚秋、初冬季城市绿化的理想补充观叶植物，还可家庭盆植于屋顶花园、阳台、窗台观赏。

香石竹

花语 永恒的母爱。

Dianthus caryophyllus L.
石竹科石竹属

花期 5～7月 / 果期 8～9月

多年生草本。茎丛生，直立，基部木质化。叶片线状披针形。花常单生于枝顶，2或3朵，有香气，粉红、紫红或白色；花梗短于花萼；花萼圆筒形，瓣片倒卵形，顶缘具不整齐齿。蒴果卵球形。

香石竹又名康乃馨，为最重要的切花之一，是冬季重要切花，也常盆栽观赏。可作为布置花坛的材料。其花还可提取香精作为化妆品材料。

香石竹	石竹
又名康乃馨，欧亚温带有分布，我国广泛栽培供观赏	又名洛阳花、中国石竹，原产我国北方，现南北普遍生长
重瓣大花，花瓣瓣片为倒卵形，顶缘具不整齐齿	花朵单瓣的较多，花瓣瓣片为倒卵状三角形，先端有锯齿

石竹

Dianthus chinensis L.
石竹科石竹属

花期 5～6月 / **果期** 7～9月

春归幽谷始成丛，地面芬敷浅浅红。
车马不临谁见赏，可怜亦解度春风。
——宋 王安石

多年生草本植物。叶片线状披针形， 全缘或有细小齿，中脉较显。花单生枝顶或数花集成聚伞花序，花瓣瓣片为倒卵状三角形，紫红色、粉红色、鲜红色或白色，顶缘不整齐，齿裂，喉部有斑纹，花药蓝色。蒴果圆筒形。

园林中可用于花坛、花境、花台或盆栽，也可用于岩石园和草坪边缘点缀。栽植简易，管理粗放，每年应分株。大面积成片栽植时可作景观地被材料。另外，石竹有吸收二氧化硫和氯气的本领，凡有毒气的地方可以多种，防止污染。

婆婆纳

Veronica didyma Tenore
玄参科婆婆纳属

花期 6 ~ 8月 / **果期** 9 ~ 10月

一至二年生草本植物。茎自基部分枝，下部匍匐地面。三角状圆形或近圆形的叶子在茎下部对生，上部互生，边缘有圆齿。花有蓝、白、粉三种颜色，单生于叶腋。

种植于岩石庭院和灌木花园，适合花坛地栽，可作边缘绿化植物，可容器栽培，也可作切花生产。种植在园林建筑或古迹等附近的斜坡上，既可护坡又可衬托景点；在园路两旁、假山石作点缀，给人以亲切的自然之美。

传说从前有位叫“阿拉”的老伯，在春天，万物苏醒时，因为暖阳，也因为指尖烟草呛住了他，他开始想念他的老伴，因此他为身边满坡地毯似的花朵取名“婆婆纳”。婆婆纳背后的故事为人们带来一丝感动，同时也有一丝忧伤。

索引

中文名索引

L

M

N

O

P

Q

R

S

T

W

X

Y

拉丁名索引